电力传感技术产业

发展报告 2020

全球能源互联网研究院有限公司
EPTC 电力信息通信专家工作委员会 组编

中国水利水电出版社
www.waterpub.com.cn
·北京·

内 容 提 要

随着"云大物移智链"等新一代信息通信技术的快速发展，能源革命与数字革命相融并进，电力企业正加速向数字化转型。在新型基础设施建设和电力企业数字新基建的推动下，电力信息通信领域的科技创新不断涌现，作为电力信息通信领域的专业研究机构，EPTC 信通智库推出《电力传感技术产业发展报告 2020》，本报告围绕电力行业数字化、网络化、智能化转型升级，从宏观政策环境、技术产业发展现状及存在的问题、业务应用需求及典型业务应用场景、关键技术研发方向、基于专利的企业创新力研究、创新产品与创新应用解决方案、技术产业发展建议等方面展开研究，以技术结合实际案例的形式多视角、全方位展现传感技术和电力行业融合发展带来的创新和变革，为电力行业向能源互联网转型，以及融合创新提供重要参考依据。

本报告能够帮助读者了解电力信息技术产业发展现状和趋势，给电力工作者和其他行业信息技术相关工作的研究人员和技术人员在工作中带来新的启发和认识。

图书在版编目（CIP）数据

电力传感技术产业发展报告. 2020 / 全球能源互联
网研究院有限公司，EPTC电力信息通信专家工作委员会组
编. -- 北京 : 中国水利水电出版社，2021.5
ISBN 978-7-5170-9620-7

Ⅰ．①电… Ⅱ．①全… ②E… Ⅲ．①信息技术－应用
－电力系统－研究报告－中国－2020 Ⅳ．①TM769

中国版本图书馆CIP数据核字(2021)第110858号

书　　名	电力传感技术产业发展报告 2020 DIANLI CHUANGAN JISHU CHANYE FAZHAN BAOGAO 2020
作　　者	全球能源互联网研究院有限公司　　组编 EPTC电力信息通信专家工作委员会
出版发行	中国水利水电出版社 （北京市海淀区玉渊潭南路 1 号 D 座　100038） 网址：www. waterpub. com. cn E-mail：sales@ waterpub. com. cn 电话：（010）68367658（营销中心）
经　　售	北京科水图书销售中心（零售） 电话：（010）88383994、63202643、68545874 全国各地新华书店和相关出版物销售网点
排　　版	中国水利水电出版社微机排版中心
印　　刷	北京瑞斯通印务发展有限公司
规　　格	184mm×260mm　16 开本　14 印张　332 千字
版　　次	2021 年 5 月第 1 版　2021 年 5 月第 1 次印刷
印　　数	0001—2000 册
定　　价	**88.00 元**

凡购买我社图书，如有缺页、倒页、脱页的，本社营销中心负责调换

《电力传感技术产业发展报告 2020》
编 委 会

主　　编　郭经红

副 主 编　仝　杰　　白敬强　　梁志琴　　胡　军　　黄　猛

编　　委　安春燕　　刘　静　　齐　波　　雷煜卿　　梁　云　　陈　川
　　　　　　　陆　阳　　黄　辉　　黄毕尧　　王　妍　　李建岐　　刘世栋
　　　　　　　张国治　　张明皓　　宋　睿　　王兰若　　李　伟　　胡森龙
　　　　　　　韦海荣　　吴海生　　姜良刚　　关蒙萌　　张生营　　刘　仲
　　　　　　　孙宏棣　　路光辉　　黄新宇　　韩　允　　刘　暾　　周　玥
　　　　　　　刘　晨　　时　鹏　　高　伟　　朱　瑛　　李瑞雪　　何日树
　　　　　　　韩瑞芮　　王　孜　　翟　钰　　王晓彤

编写单位　全球能源互联网研究院有限公司
　　　　　　　中能国研（北京）电力科学研究院
　　　　　　　中国电力科学研究院有限公司
　　　　　　　清华大学能源互联网创新研究院
　　　　　　　华北电力大学
　　　　　　　湖北工业大学
　　　　　　　浙江维思无线网络技术有限公司
　　　　　　　南京导纳能科技有限公司
　　　　　　　上海拜安实业有限公司
　　　　　　　山东电工电气集团有限公司
　　　　　　　四川瑞霆电力科技有限公司

前　言

习近平主席在联合国大会上表示："二氧化碳排放力争于 2030 年前达到峰值，努力争取在 2060 年前实现碳中和。"在"双碳承诺"的指引下，能源转型是关键，最重要的路径是使用可再生能源，减少碳排放，提升电气化水平。可以预见，未来更为清洁的电力将作为推动经济发展、增进社会福祉和改善全球气候的主要驱动力，其重要性将会日益凸显，电能终将实现对终端化石能源的深度替代。

党的十九届五中全会提出"十四五"目标强调，实现能源资源配置更加合理，利用效率大幅提高，推进能源革命，加快数字化转型。可见，数字化是适应能源革命和数字革命相融并进趋势的必然选择。当前，我国新能源装机及发电增长迅速，电动汽车、智能空调、轨道交通等新兴负荷快速增长，未来电网将面临新能源高比例渗透和新兴负荷大幅度增长带来的冲击波动，电网正逐步演变为源、网、荷、储、人等多重因素耦合的，具有开放性、不确定性和复杂性的新型网络，传统的电网规划、建设和运行方式将面临严峻挑战，迫切需要构建以新一代信息通信技术为关键支撑的能源互联网，需要电力、能源和信息产业的深度融合，加快源-网-荷-储多要素相互联动，实现从"源随荷动"到"源荷互动"的转变。

近年来，随着智能传感、5G、大数据、人工智能、区块链、网络安全等新一代信息通信技术与能源电力深度融合发展，打造清洁低碳、安全可靠、泛在互联、高效互动、智能开放的智慧能源系统成为发展的必然趋势，新一代信息通信技术将助力发电、输电、变电、配电、用电和调度等产业链上下游各环节实现数字化、智能化和互联网化，带动电工装备制造业升级、电力能源产业链上下游共同发展，有效促进技术创新、产业创新和商业模式创新。

EPTC 信通智库是专注于电力信息通信技术创新与应用的新型智库平台，秉承"创新融合、协同发展、让智慧陪伴成长"的价值理念，面向能源电力行业技术创新与应用的共性问题，聚焦电力企业数字化转型过程中的痛点需求，关注电力信息通信专业人员职业成长，广泛汇聚先进企业创新应用实践和优秀成果，为企业及技术工作者提供平台、信息、咨询和培训四大价值服务，推动能源电力领域企业数字化转型和数字产业化高质量发展。

为了充分发挥 EPTC 信通智库的组织平台作用，围绕新一代信息通信技术在能源电力领域的融合应用及产业化发展需求，精选传感、5G、大数据、人工智能、区块链、网络安全六个新兴技术方向，从宏观政策环境分析、产业发展概况、技术发展现状分析、业务应用需求和典型应用场景、关键技术分类及重点研发方向、基于专利的企业技术创新力评价、新技术产品及应用解决方案、技术产业发展建议等方面，组织编制了电力信息通信技术产业发展报告 2020 系列专题报告，集合专家智慧、融通行业信息、引领产业发展，希望切实发挥智库平台的技术风向标、市场晴雨表和产业助推器的作用。

本报告适合能源、电力行业从业者，以及信息化建设人员，帮助他们深度了解电力行业数字化转型升级的关键技术及典型业务应用场景；适合企业管理者和国家相关政策制定者，为支撑科学决策提供参考；适合关注电力信息通信新技术及发展的人士，有助于他们了解技术发展动态信息；可以给相关研究人员和技术人员带来新的认识和启发；也可供高等院校、研究院所相关专业的学生学习参考。

《电力传感技术产业发展报告 2020》得到了国家电网有限公司"2020 重大攻关计划"攻关任务（研究框架）"微型低功耗电力智能传感器技术及应用"中"新型高灵敏度、高可靠性磁敏传感机理研究及材料制备"（项目编号：5700－202058381A－0－0－00）和"基于磁电转换的磁场取能核心器件研制"（项目编号：5700－202058383A－0－0－00）的资助。特别感谢 EPTC 电力信息通信专家工作委员会名誉主任委员李向荣先生等资深专家的顾问指导，感谢报告编写组专家们的撰写、修改，以及出版社老师们的编审、校对等工作，正是由于你们的辛勤付出，本报告才得以出版。

由于编者水平所限，难免存在疏漏与不足之处，恳请读者谅解并指正。

编者

2021 年 1 月

目 录

图目录

表目录

第 1 章
概述

1.1 基本术语

传感器（Sensor）是一种物理设备，通常由敏感组件和转换组件组成，能够探测、感受外界的信号、物理条件（如光、热、湿度）或化学组成（如烟雾），并将探知的信息传递给其他设备（如单片机 MCU、处理器 CPU 等）。本质上传感器是从一个系统接受功率，以另一种形式将功率送到第二个系统中的器件，其作用是将一种能量转换成另一种能量形式，所以也常被称为换能器（Transducer）。

电力传感器（Power Sensor）是面向电力应用场景需求，能够探测、感知电力系统节点及设备、运行状态及环境关键信息并传递给后续设备的传感器。狭义的电力传感器指传感器件本身，仅包含敏感组件和转换组件部分；广义的电力传感器可以指具有完整功能的传感装置，除传感器件本身外，还包括与传感器件协同的供能、信号处理与控制、数据存储与通信等后端功能单元，又称智能电力传感器。

1.2 产品分类

电力传感器可以从多个维度进行分类，包括被测对象量特征、传感器研制及工作涉及的关键工艺与技术原理、传感器适用的电力应用场景。

1.2.1 按被测对象量特征分类

1.2.1.1 电气量传感器

电气量传感器被测对象量主要包括磁场、电流、电场、电压、功率和相位、高频电磁场/波等。

（1）磁场：通常针对输电线路以及变压器、电抗器等感抗类设备产生磁场的测量，也是电流测量的中间参量。目前电力传感领域具有一定实用性的磁场传感器件采用了电磁感应线圈、磁通门、磁阻效应、磁光效应等技术原理，其中磁光效应还可细分为基于法拉第磁光效应（Faraday Effect）或克尔效应（Kerr Effect）的磁光偏振传感器和基于光纤磁致伸缩效应的光纤干涉传感器，此外还有核磁共振效应和超导量子干涉效应等较为前沿的磁场传感技术原理。

（2）电流：电力系统最基本电气量，包括工频交流电流、中高频谐波及暂态电流、直流电流等。可以采用采样电阻、电磁感应、磁场传感、电流热效应等多种技术原理传感器件用于电流测量，在实际应用中根据电流传感器形态特点通常将其分为电磁式电流互感器和电子式电流互感器，其中电子式电流互感器又可以细分为磁光效应电流互感器、有源线圈型电流互感器、铁芯线圈磁通调制型电流互感器以及微型化电流互感器。

1）电磁式电流互感器：基于电磁感应原理，是目前用量最大的电流传感器，主要用于工频交流电流测量。

2）电子式互感器是一种配电装置，主要包括：

a）磁光效应电流互感器：包括基于法拉第磁光效应（Faraday Effect）或克尔效应的磁光偏振传感器，以及基于光纤磁致伸缩效应的光纤干涉传感器，具有可测量直流、无需电源供能的优点。

b）有源线圈型电流互感器：包括罗氏线圈型、低功率线圈型、罗氏线圈与低功率线圈组合型、罗氏线圈与分流器组合型电流互感器，可用于中高频谐波及暂态电流的测量。

c）铁芯线圈磁通调制型电流互感器：基于电磁感应原理，通过铁芯线圈磁通调制可实现直流电流的测量。

d）微型化电流互感器：包括霍尔效应和巨磁阻效应电流传感器，具有微型化、可用于从直流到高频暂态的全频率范围电流测量的优点，其中巨磁阻效应电流传感器相比霍尔效应传感器具有更优的测量性能。

（3）电场：通常针对输电线路等各种电力设备产生电场进行测量，也可以是电压测量的中间参量；目前电力传感领域具有一定实用性的电场传感器件采用了电光效应、静电感应效应、逆压电效应等技术原理，其中电光效应又可细分为基于泡克尔斯效应（Pockels Effect）的晶体传感器和光纤传感器及基于电光克尔效应的光纤传感器，而静电感应效应和逆压电效应电场传感器通常可采用 MEMS 工艺制备成微型化的传感器件。

（4）电压：电力系统最基本电气量，包括工频交流电压、中高频谐波及暂态电压、直流电压等；可以采用电容、阻容或电感式分压器、电磁感应、电场传感等多种技术原理传感器件用于电压测量，在实际应用中根据电压传感器形态特点通常将其分为电磁式电压互感器和电子式电压互感器。

1）电磁式电压互感器：基于电磁感应原理，是目前用量最大的电压传感器，主要用于工频交流电压测量。

2）电子式电压互感器：包括电容、阻容、电感式分压型电压互感器，部分类型可用于实现暂态及直流电压的测量。

（5）功率和相位：功率和相位是电流、电压波形测量数据的衍生信息；可以采用软件算法进行推算，也可以采用功率变送器等硬件器件实现，在很多应用场景中需要依赖GPS、网络授时等技术进行较为精准的时间同步。

（6）高频电磁场/波：通常针对各种电力设备电晕、局放产生的高频电磁场/波（包括输电线路的无线电干扰等）进行测量；目前主要采用基于高频接收天线及后端信号处理装置的传感器件进行高频电磁场/波测量。

1.2.1.2 状态量传感器

状态量传感器被测对象量主要包括：应变/形变；应力/压力/拉力/扭矩；振动、声波；位移、速度、加速度；倾角；转速、转角；开关状态量等。

（1）应变/形变：通常针对各种电力设备内部部件自身，以及不同部件连接或接触界面上的应变/形变进行测量，也是其他多种机械及运动量传感的中间参量；可以采用电阻式、电容式、电磁感应式、半导体压阻效应、压电效应材料、碳 nm 管材料、磁致伸缩材料、铁电驻极体、非晶态合金、分布式光纤、光纤光栅、声表面波（SAW）等多种技术原理传感器件用于应变/形变测量。

（2）应力/压力/拉力/扭矩：通常针对各种电力设备内部不同部件连接或接触界面上的应力/压力/拉力/扭矩进行测量；可以采用应变/形变传感器进行测量，由应变/形变测量数据进行推算获得相关的应力/压力/拉力/扭矩数据。

（3）振动、声波：通常针对发电机、变压器、电动机等具有显著机械振动特性的各种电力设备进行振动测量，针对由于设备机械振动或者电晕引起的可听噪声以及局放等产生的超声波进行声波测量；振动、声波本质上是具有一定周期特性的机械运动/机械波，可以采用应变/形变传感器件进行测量，得到具有周期性往复变化特性的数据。

（4）位移、速度、加速度：通常针对各种电力设备的直线运动部件（例如断路器触头、发生风偏或舞动的导线）进行位移、速度、加速度测量；对于运动范围明确、传感器件可在固定位置安装的被测对象，可以采用与应变/形变传感器（用于较小幅度位移测量）类似的电阻式、电感式、电容式、电磁感应式、电涡流式等多种技术原理的位移传感器用于较大幅度位移的测量，进而根据位移数据推算速度和加速度；对于运动范围不确定、传感器件整体也同步运动的被测对象，可以采用电容式、压电式等类型的应变/形变传感器件，或者是热感应式加速度传感器首先测量得到加速度信息，进而在初速度已知（通常为零速度）的前提下通过积分推算出线速度和直线位移。

（5）倾角：通常针对可能发生倾覆的输电线路杆塔等电力设备进行倾角测量；倾角传感器的核心是加速度传感器，利用倾角传感器在静止状态下由重力加速度确定的重力垂直轴与传感器灵敏轴之间的夹角可以推算得到倾斜角；为了避免非静止状态下倾角传感器的测量误差，目前主流采用 3 轴加速度传感器和 3 轴陀螺仪组合的传感器件用于倾角测量。

（6）转速、转角：通常针对各种电力设备的旋转运动部件（例如发电机、电动机等）进行转速、转角测量；目前主流技术原理都是将转动相关参量转换为光信号或者磁性信号的变化之后，利用光通量或磁场传感器进行间接测量。

（7）开关状态量：通常针对各种电力设备中具有打开、闭合两种不同状态的可操作部件进行开关状态量测量；类似转速、转角传感技术，目前主流技术原理也是将开关状态量转换为电信号、磁信号或者光信号的变化之后，利用电磁量、光通量传感器进行间接测量。

1.2.1.3 环境量传感器

环境量传感器被测对象量主要包括：温度，湿度，气体，液位，气压、海拔，风向、风速，距离等。

（1）温度：通常用于环境温度以及各种电力设备局部发热状况的实时监测或定时测量；目前有传统的热电偶、热电阻、半导体集成热传感器，以及 PTC 热敏铁电陶瓷、形状记忆合金/聚合物、分布式光纤、光纤光栅、声表面波（SAW）等多种技术原理的传感器件可以用于温度测量，也可以借助红外成像仪进行远距离测温。

（2）湿度：通常用于环境湿度以及各种对水分敏感的电力设备内部湿度的实时监测或定时测量；目前有采用碳膜、硅膜、金属氧化陶瓷等的湿敏电阻，采用高分子薄膜（聚苯乙烯、聚酰亚胺、酪酸醋酸纤维等）的湿敏电容，以及电解质型、重量型、光强型、声表面波（SAW）等多种技术原理的传感器件可以用于湿度测量，其中高分子湿敏电容传感器最为常用。

（3）气体：通常用于 GIS 设备涉及的 SF_6，以及变压器油色谱涉及的 H_2、O_2、CO_2、CH_4、C_2H_2、C_2H_4、C_2H_6 等各种类型气体的检测；目前可以采用热调制半导体式、电化学式、声表面波（SAW）、光电式等多种技术原理的传感器件用于单组分气体的检测，采用光谱法、色谱法、质谱法、光谱-色谱联用法、色谱-质谱联用法用于多组分气体的检测。

（4）液位：通常用于对充油类设备内部油位状态，以及接地装置、电缆等电力设备是否被积水浸泡状态进行监测；类似于前述开关状态量传感器，可将水位状态转换为电信号变化进行测量。

（5）气压、海拔：通常用于电力设备所处地理环境中的气压大小、海拔的测量；可以采用各种基于通用压力传感技术原理的气压传感器进行气压大小的测量，进而根据气压数据推算获得海拔高度数据。

（6）风向、风速：通常用于电力设备所处环境空间中风力方向和大小的测量；可以采用各种通用的转角、转速传感器件进行风向、风速的测量。

（7）距离：通常用于对输电线路走廊等电力设备形成潜在威胁的外来侵入物（例如不断长高的树木等）所处位置的相对距离，以及导线弧垂等进行测量；可以采用红外、超声波、激光等各种技术原理的测距仪进行距离测量。

1.2.1.4　行为量传感器

行为量传感器被测对象量主要包括：图像、视频等。

（1）图像：通常用于对变电设备本体外观、隐患测距、树木测距、鸟害识别、智慧终端、施工外破机械监测等。图像监测传感器传输的数据类型为图片，原始图片大小通常为 4～6MB，压缩图像大小为 1.5MB，图片上传周期通常为 12h 一次。

（2）视频：通常用于发电厂、变电站、输电线路等的安防监控、设备及运行环境状态监测。用于安防监控的视频监测终端通常是"7×24h"工作，用于设备及运行环境状态监测的视频传感器通常支持录制一特定时长的视频。

1.2.2　按技术原理分类

1.2.2.1　电磁感应类传感器

基于电磁感应原理的传感器主要包括电磁式电流传感器、有源线圈型电子式电流互感器（包括罗氏线圈型、低功率线圈型）、铁芯线圈磁通调制型直流电流互感器、电磁式电压互感器、高频电磁场/波接收天线等。

1.2.2.2 光学器件类传感器

光学器件类传感器总体上可以分为光学晶体器件、分布式光纤和光纤光栅几大类传感器，可基于法拉第效应（Faraday Effect）、克尔效应（Kerr Effect）、泡克尔斯效应（Pockels Effect）等技术原理，广泛用于磁场/电流、电场/电压、应变/形变、应力/压力/拉力、振动、温度、气体等状态量的信息感知。

1.2.2.3 声学类传感器

声学类传感器指声波传感器，是把外界声场中的声信号转换成电信号的传感器。按照检测声波的频率可分为可听声波传感器（20Hz～20kHz）、超声波传感器（20kHz～300MHz）、微波传感器（＞300MHz）等。按照传感器原理可分为电阻变换型、电磁变换型、压电声波传感器、静电声波传感器（电容式等）、表面声波传感器等。

1.2.2.4 敏感材料类传感器

敏感材料类传感器通常利用某些物质材料/器件本身固有的物理或化学性质的变化而实现信号变换，常用敏感材料包括各种半导体材料、金属材料、陶瓷材料、无机晶体材料、有机高分子材料等，已广泛用于制备霍尔效应磁场/电流传感器、逆压电效应电场传感器、多类型状态量传感器，以及温度、湿度、气体传感器等。

1.2.2.5 MEMS工艺类传感器

MEMS工艺制备的传感器通常采用了各种敏感材料，因此与敏感材料类传感器具有很高的重合度。MEMS传感器具有微型化的显著优势，已广泛用于制备巨磁阻磁场传感器、静电感应效应与逆压电效应电场传感器、多类型状态量传感器、多类型声表面波（SAW）传感器件等。其中声表面波（SAW）传感器件采用不同敏感材料，可用于测量各种机械及运动量、温度、湿度、气体成分等。

1.2.3 按应用场景分类

1.2.3.1 电源侧传感器

电源侧传感器应用场景主要包括传统的火电、水电、核电发电厂以及集中式风电、光伏新能源发电站。

（1）全场景通用传感器：包括电流、电压、功率、相位等。

（2）风电设备相关传感器：包括风机转速、凸轮开关量、（塔筒、机舱、叶片、主轴、齿轮箱、发电机）振动、叶片变形、扭矩、压力、位移等。

（3）光伏设备相关传感器：包括光伏板倾角、测污等。

（4）地理环境相关传感器：包括环境温度、湿度、风速、风向、光辐照强度、气压等。

1.2.3.2 电网侧传感器

电网侧传感器应用场景主要包括变电站、换流站内各种设备以及架空输电线路和电缆输电线路。

（1）全场景通用传感器：包括电流、电压、功率、相位（例如同步向量测量PMU）等。

（2）局部放电相关传感器：局部放电是多种电力设备的共性问题，有以下直接或间接的传感器可用于局部放电检测。

1）基于高频脉冲电流传感的高频局放检测。

2）基于电磁波传感的特高频局放检测。

3）基于电磁波传感的暂态地波局放检测。

4）基于声波传感的超声波局放检测。

5）基于紫外成像的局放检测。

6）基于薄膜透气法或抽真空取气法进行油气分离、采用单组分或多组分气体传感的油色谱/油中溶解气体在线监测（DGA）。

7）基于光纤传感的局放监测。

（3）变电站/换流站相关传感器：包括变压器、电抗器等感抗类设备，套管、电容器等容性设备，以及 GIS、断路器/开关、避雷器等其他类型的设备，以及周边环境的各种关键状态量。

1）感抗类设备：包括变压器铁芯接地电流、夹件接地电流、绕组温度、绕组变形、有载分接开关、油位、顶/底油温、油中微水，以及变压器/电抗器振动波谱、噪声、声学指纹等。

2）容性设备：包括电容量、相对介电损耗、套管末屏电流、形变等。

3）GIS 设备：SF_6 气体、压力、水分等。

4）断路器/开关：分合闸线圈电流、机械特性、触头/接头温度等。

5）避雷器：包括泄漏电流、容性电流、三次谐波电流等。

6）环境量：包括环境温度、湿度、噪声、烟雾、气体、门磁、安防（图像/视频监控）等。

（4）架空输电线路相关传感器：包括线路走廊整体、导线、金具、杆塔、绝缘子、外部地理环境等各种关键状态量。

1）线路走廊整体：包括电场、磁场、无线电干扰、可听噪声，直流线路的离子流场，以及搭载于巡线无人机的视频、红外、紫外成像仪等。

2）导线：包括温度、拉力、弧垂、微风振动、大风舞动、覆冰等，其中弧垂在线监测可采用角度传感器、温度传感器或者激光测距等技术原理。

3）金具：包括温度、螺丝松动等。

4）杆塔：包括位移、倾斜、基础沉降、鸟窝（基于视频图像）等。

5）绝缘子：包括积污、外形破损（基于视频图像）等。

6）地理环境：包括山火（基于红外监测）、微气象（温度、湿度、风力、雨量、光照强度等）、现场污秽度、树木障碍等。

（5）电缆输电线路相关传感器：包括电缆温度、形变、护层接地电流以及水浸（水位）、井盖等。

1.2.3.3　配电侧传感器

配电侧传感器应用场景主要包括架空配电线路和电缆配电线路以及开关柜、配电变压器等。

（1）全场景通用传感器：包括电流、电压、功率、相位等。

（2）架空配电线路相关传感器：包括故障指示器等。

（3）电缆输电线路相关传感器：包括电缆温度、形变、护层接地电流以及水浸（水位）、井盖等。

（4）开关柜：断路器分合闸线圈电流、机械特性、触头/接头温度等。

1.2.3.4　用户（负荷）侧传感器

用户侧传感器应用场景主要包括智能电表、电能质量、充电站/桩、分布式能源、分布式储能等。

（1）全场景通用传感器：包括电流、电压、功率、相位等。

（2）分布式能源：类同于前述电源侧集中式风电、光伏新能源发电设备。

1.2.3.5　储能侧传感器

储能侧传感器主要用于对内阻、电压、电流、温度、绝缘等电池运行状态监测，实现对电池状态剩余电量、电池健康状态的分析和评估，进而确保电池组安全、稳定、可靠、高效、经济地使用。

（1）全场景通用传感器：包括电流、电压等。

（2）电池容量及剩余电量：内阻传感器、温度传感器等。

1.2.3.6　资产侧传感器

资产侧传感器主要用于对发、输、变、配、用等电力环节所涉及的全部物资进行全寿命周期管理，进而提升资产使用周期、降低使用成本，满足电力企业发展需求。

（1）资产标识：无线射频识别（RFID）电子标签等。

（2）资产定位与追踪：资产定位传感器等。

第 2 章
宏观政策环境分析

2.1 国家及行业政策导向

随着智能网联时代的到来和泛在感知的推动，传感器作为重要的感知基础，正处于快速发展阶段，在智能网联汽车、智能电网、智能制造、智慧医疗、VR/AR、机器人/无人机等领域发展中发挥着关键作用。

全球传感器产业竞争日趋激烈，技术更新迭代速度加快，产品集成化、微型化、智能化发展趋势明显，智能传感器已成为传感器技术的一个主要发展方向，代表着一个国家的工业及技术科研能力。然而国内传感器产业的总体水平较发达国家仍有显著差距，亟须在传感器关键领域打破国外垄断的困境，实现核心技术自主可控，提升产业的国际竞争力。在此背景下，我国在"制造强国"战略、《"十三五"国家战略新兴产业发展规划》（国发〔2016〕67 号）、《"十三五"国家科技创新规划》（国发〔2016〕43 号）、《智能传感器产业三年行动指南（2017—2019 年）》（工信部电子〔2017〕288 号）等政策中明确表示支持传感器产业发展，各地政府如上海、重庆、杭州、郑州、长沙、苏州、无锡等地也纷纷出台相应的政策支持，促进地方传感器产业的发展，通过资金、房租、参展、认证、人才等多方面予以财政奖励和支持，争相打造国际化的传感器产业园区。

2.1.1 政策推动传感器企业创新创业高质量发展

为深入贯彻中共中央、国务院办公厅《关于促进中小企业健康发展的指导意见》（2019），推动落实工业和信息化部、科技部、财政部《关于支持打造特色载体推动中小企业创新创业升级的实施方案》（财建〔2018〕408 号），更好地指导各地打造中小企业融通型和专业资本集聚型创新创业特色载体，2019 年，工业和信息化部办公厅、财政部办公厅联合发布了《关于发布支持打造大中小企业融通型和专业资本集聚型创新创业特色载体工作指南的通知》（工信厅联企业函〔2019〕92 号），有助于构建传感器创新创业的产业生态环境，助力传感器企业专业化高质量发展。

2.1.2 政策支持打造行业专精特新"小巨人"企业

专精特新"小巨人"企业是"专精特新"中小企业的佼佼者，是专注于细分市场、创新能力强、市场占有率高、掌握关键核心技术、质量效益优的排头兵企业，对于提高国家相关产业领域竞争力，实现关键领域自主可控，进一步扩大市场规模有着重要的作用。工业和信息化部计划利用3年时间（2018—2020年），培育600家左右专精特新"小巨人"企业，促进其在创新能力、国际市场开拓、经营管理水平、智能转型等方面得到提升发展，有望改善我国目前传感器产业多品种小批量、产品分散性大、产业集中度不高、企业规模偏小、专业化及龙头企业偏少的局面。

2.1.3 MEMS和传感器入选我国工业强基工程

围绕《工业强基工程实施指南（2016—2020年）》"一条龙"应用计划，以上下游需求和供给能力为依据，以应用为导向，依托三方机构，针对重点基础产品、工艺，梳理产业链重要环节，遴选各环节承担单位，加快工业强基成果推广应用，促进整机（系统）和基础技术互动发展，建立产业链上中下游互融共生、分工合作、利益共享的一体化组织新模式，着力去瓶颈、补短板，促进制造业创新发展和提质增效，2019年MEMS和传感器成为工业强基六大重点产品、工艺"一条龙"应用计划支持的领域之一。

我国传感器产业主要政策见表2-1。

表2-1　　　　　　　　　　　　　传感器产业主要政策

颁布时间	颁布主体	政策名称	文件号	关键词（句）
2019年	工业和信息化部、国家广播电视总局、中央广播电视总台	《超高清视频产业发展行动计划（2019—2022年）》	工信部联电子〔2019〕56号	CMOS图像传感器
	工业和信息化部	《关于促进制造业产品和服务质量提升的实施意见》	工信部科〔2019〕188号	智能传感器
2018年	工业和信息化部	《关于加快推进虚拟现实产业发展的指导意见》	工信部电子〔2018〕276号	传感器、感知交互技术
	工业和信息化部	《车联网（智能网联汽车）产业发展行动计划》	工信部科〔2018〕283号	复杂环境感知、姿态感知
2017年	工业和信息化部、国家发改委、科技部	《汽车产业中长期发展规划》	工信部联装〔2017〕53号	车用传感器、环境感知
	工业和信息化部	《促进新一代人工智能产业发展三年行动计划（2018—2020年）》	工信部科〔2017〕315号	智能传感器
	工业和信息化部	《智能传感器产业三年行动指南（2017—2019年）》	工信部电子〔2017〕288号	智能传感器
2016年	国务院	《"十三五"国家科技创新规划》	国发〔2016〕43号	智能感知、微纳制造
	工业和信息化部、国家发改委、财政部	《机器人产业发展规划（2016—2020年）》	工信部联规〔2016〕109号	传感器、触觉传感器
	国务院	《"十三五"国家战略新兴产业发展规划》	国发〔2016〕67号	智能传感器、惯性导航

数据来源：赛迪顾问，2020年7月。

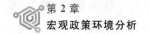

2.2 产业环境分析

2009 年 11 月，我国在江苏无锡成立了国家传感网创新示范区。截至 2018 年 6 月，我国已经建立了江苏无锡、浙江杭州、福建福州、重庆南岸区、江西鹰潭 5 个物联网特色的新型工业化产业示范基地。2020 年 7 月，工业和信息化部发布了《2019—2020 年度物联网关键技术与平台创新类、集成创新与融合应用类示范项目名单》，包含 40 个关键技术与平台创新类示范项目和 81 个集成创新与融合应用类示范项目，并要求各地工业和信息化主管部门及项目推荐单位结合"新型基础设施"建设规划布局和工作实际，在技术创新、应用落地、政府服务等方面对入选项目加大支持力度，协助做好上下游企业对接，加强实施效果跟踪，推进优秀成果推广应用，深化物联网与实体经济融合，更好地推动产业集成创新和规模化发展。

2019 年 7 月，河南省印发的《关于支持郑州建设国家中心城市的若干意见》明确提出"建设中国（郑州）智能传感谷，并支持创建国家级智能传感器创新中心，推进 MEMS 微机电系统研发中试平台建设"。以郑州高新区为核心，谋划 3～4km² 的智能传感器产业小镇，打造智能传感器材料、智能传感器系统、智能传感器终端"三个产业集群"，发展环境传感器、智能终端传感器、汽车传感器"三个特色产业链"，推动智能传感器产业规模化、特色化、差异化、高端化发展。2019 年 11 月，在 2019 世界传感器大会上发布的《中国（郑州）智能传感谷规划》明确提出两个目标："打造千亿级产业集群，2025 年传感器产业规模达到 1000 亿元；建设传感器小镇，构建'一谷多点'的产业空间布局，同时形成良好的产业生态环境和有效的集聚手段。"

2019 年 12 月，上海智能传感器产业园启动会暨重点项目签约仪式在上海嘉定工业区举行，会上同时发布了 39 条扶持政策，并进行了 32 个重点项目签约。该产业园着眼于弥补智能传感器短板，重点聚焦智能硬件、智能驾驶、智能机器人、智慧医疗、智慧教育等应用领域，发展基于 MEMS 半导体工艺，涵盖力、光、声、热、磁、环境等类目的智能传感器产业。

2020 年 5 月，位于宝鸡渭滨区的西部传感器产业园 A1、A2 高标准智能制造厂房主体结构竣工。该产业园总投资约为 10.2 亿元，规划占地 98 亩，分为孵化园、产业园、公共服务平台、智能创新中心 4 个功能主体，将于 2021 年 9 月全面建成投用。

2.3 电力企业战略方向

2.3.1 国家电网有限公司

2020 年 3 月，国家电网有限公司将"具有中国特色国际领先的能源互联网企业"作为公司战略目标。其中，"能源互联网"是方向，代表电网发展的更高阶段，将先进信息通信技术、控制技术与先进能源技术深度融合应用，具有泛在互联、多能互补、高效互动、智能开放等特征的智慧能源系统。电力传感技术贯穿发、输、变、配、用各个环节，是获取电网运行状态及运行环境的基础，赋予电网触觉、听觉和视觉，电力传感器和由此构成的传感网是能源互联网的重要基础设施之一，能够有效支撑能源互联网的建设。

在此背景下，国家电网有限公司将"全力推进电力物联网高质量发展"作为2020年重点工作任务之一，从迭代完善顶层设计、持续夯实基础支撑、赋能电网建设运营、推动"平台＋生态"几个方面明确了工作要求、责任人及责任单位。电力传感是电力物联网的基础和核心，"全力推进电力物联网高质量发展"中的各项工作部署均离不开电力传感产业的支撑。

与此同时，国家电网有限公司进行了一系列工作部署。首先，将开展智能传感器重点专题研究作为加快落实能源互联网技术研究框架的重点任务之一。其次，在2020年设备管理部重点工作中指出：深化红外、局放等检测技术应用，加快变电站设备集中监控系统建设；推进重点输电线路通道可视化建设；推动台区智能融合终端建设与应用；加快制定智能设备技术标准，融合油色谱、局放、压力等先进实用智能传感技术，统一智能设备接口规范，实现设备状态全面感知、在线监测、主动预警和智能研判等。最后，将推进智慧物联体系建设应用作为其一项重要工作，旨在促进感知层资源和数据共享。国家电力调度通信中心也提出：全面推广用电信息采集系统配变停复电信息、准实时负荷、历史负荷接入调配技术支撑系统年内配变有效感知率达到70％以上。

能源互联网建设利好电力传感产业，国家电网有限公司新战略目标的实施和落地应用将给电力传感产业带来前所未有的发展机遇，不仅能够极大地增加市场份额，而且对于提升我国基础材料和器件、高端传感器研发能力，以及完善产业链结构有积极的促进作用。

2.3.2 中国南方电网有限责任公司

2018年12月，中国南方电网有限责任公司对"南方电网公司物联网技术与应用发展专项规划项目"进行公开招标，并于2019年2月公布招标结果。该项目拟在全面调研物联网技术和应用的政策背景、发展趋势、面临机遇与挑战的基础上，构建科学合理的物联网技术体系，确定中国南方电网有限责任公司物联网应用的建设原则以及技术路线。同时，明确物联网技术应用的范围，构建包括标准规范、组织结构、人才队伍等在内的物联网管理体系。

2019年5月，中国南方电网有限责任公司印发了《公司数字化转型和数字南网建设行动方案（2019年版）》，提出了"4321"建设方案，即建设电网管理平台、客户服务平台、调度运行平台、企业级运营管控平台四大业务平台，建设南网云平台、数字电网和物联网三大基础平台，实现与国家工业互联网、数字政府及粤港澳大湾区利益相关方的两个对接，建设完善公司统一的数据中心，最终实现"电网状态全感知、企业管理全在线、运营数据全管控、客户服务全新体验、能源发展合作共赢"的"数字南网"。数字终端、传感器通过通信网络、数字处理平台形成可供信息系统使用的数据资源是数字化的基础，电力传感在"数字南网"建设中扮演着不可或缺的作用。

中国南方电网有限责任公司董事长孟振平2019年10月在"数字南网助力粤港澳大湾区发展论坛"上宣布，在2019—2020年投入百亿元建设"数字南网"，其建设将给电力传感产业带来上亿元的市场份额。

第3章
电力传感器产业发展概况

3.1 传感器产业链全景分析

3.1.1 传感器产业链和产业生态趋于完备

传感器产业链包括研究、设计、制造、封装、测试、应用等环节。传感器产业生态也趋于完备,重点环节均有骨干企业布局,我国已有 1700 多家从事传感器生产的企业。传感器产业链企业图谱如图 3-1 所示。

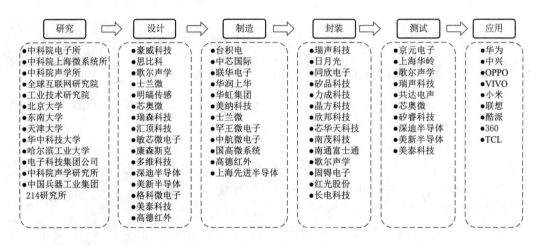

图 3-1 传感器产业链企业图谱

在产业链上游,本土智能传感器技术研发已经初步展开,国内多家高校、科研院所大力推进研究,以上海微系统与信息技术研究所、苏州微纳中心等为代表的科研机构已建立智能传感器中试服务平台,助推我国产业创新发展。国家电网有限公司面向能源互联网建设重大需求,于 2019 年 8 月在全球能源互联网研究院有限公司专门成立了电力传感技术研究所,重点围绕电力传感材料、器件、终端、网络等,开展先进传感技术研究,突破传感器自取能、自组网、安全连接技术,攻克传感器及传感网相关物联管理技术,研发高可靠、长寿命传感元件,并承担国家电网有限公司电力传感相关支撑保障工作。产业链上游主要面临的问题是关键技术还未突破,传感器的制造工艺中,敏感材料的制备、加工、封装、信号采集等每一个环节都是一个难点。传感器属于基础科学，是材料学和化工学的结合，最关键的一环是敏感材料和元器件的制备。而国产传感器的设计、封装、装备等技术都与国外存在较大差距。

在产业链下游，我国市场，特别是消费电子市场极其广阔。同时，华为、中兴、小米等企业创新能力较强，具有很强的系统整合能力。在传感器配套软件、芯片方面，我国已有企业布局，但相比博世、英美盛等自带软件算法的 IDM 传感器企业，以及高通、迈威等传统嵌入式芯片企业，还有较大差距。

在电力传感器领域，对于温度、压力等基础传感器，我国基于石油化工等流程工业，已具有一定基础，在电力行业中的国产化程度也比较高。在中高端传感器领域还存在较大发展空间，目前相关的企业多数处在产业链下游。

3.1.2 传感器产业制造依赖半导体制造技术的发展

从传感器材料和设备、传感器器件制造两个层面出发，涉及生产制造方面，当前传感器尤其是智能传感器是基于半导体制造技术上发展起来的，它融合了扩散、薄膜、光刻、刻蚀等工艺为前段制程，之后的减薄、切割、封测为后段制程，辅以精密的检测仪器来严格把控工艺要求，实现设计要求。

传感器材料和设备方面，主要包含基础材料、器件制造材料、器件封装材料三大类材料，以及器件加工设备、封装测试设备及其他自动化、过程控制、监控等设备。其中基础材料主要包括半导体材料、铁/钴/镍等磁性材料、氧化钒等敏感陶瓷材料、有机分子材料等；器件制造材料主要包括硅片及硅基材料、抛光材料、曝光材料、光刻材料、靶材、刻蚀材料、特气等；器件封装材料包括封装基板、键合材料、树脂类材料、引线框架等。器件加工设备主要包括熔炼设备、涂胶设备、刻蚀设备、光刻设备、沉积设备、离子注入设备、清洗设备、抛光设备等；封装测试设备主要包括晶圆减薄设备、划片设备、贴片设备、键合设备、注塑设备、焊线机、点胶机等；其他设备主要包括各类自动化设备、过程控制设备、监控设备等。

传感器器件制造过程包括器件设计、器件制造以及器件封装测试三大环节。器件设计方面，传感器技术涉及微电子、材料、物理、化学、生物、机械学等诸多学科领域。它的学科面也扩大到微尺度下的力、电、光、磁、声、原子、表面等物理学的各分支，乃至化学、生物、医学和仪器等各领域，学科交叉性很强，研究难度较大，量产周期较长。

3.1.3 传感器在物联网领域的应用正在持续渗透

传感器应用领域极其广泛，既包括消费电子类领域，也包括工业工控类领域，同时也是物联网的底座工程，在智慧城市、智慧医疗、智慧农业等领域正在持续渗透。

传感器的应用过程主要包含三种解决方案：一是传感器产品生产商提供解决方案，该解决方案特点是通用性强，能够更有效地发挥产品性能，兼具灵活与轻度定制化特点，终端厂商采用后只需简单调整内部软件即可应用在整机产品，满足即插即用需求；二是传感器产品厂商进行集成，该类解决方案的特点是专注于特定领域、研发成本较高、产品研发周期较长；三是垂直整合厂商集成，该类应用集成的特点是专用性较强，高度适配应用，且通常属于高精尖领域。传感器产业链全景图如图 3-2 所示，其企业图谱如图 3-3 所示。

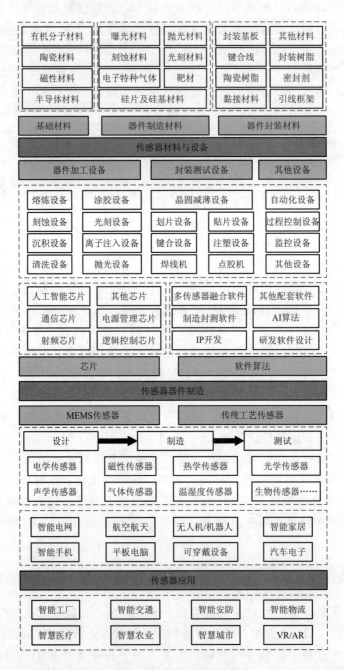

图 3-2 传感器产业链全景图

（数据来源：赛迪顾问，2020 年 7 月）

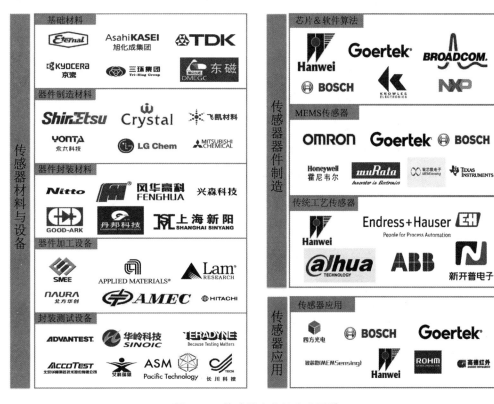

图 3-3 传感器产业链企业图谱

(数据来源:赛迪顾问,2020 年 7 月)

3.2 传感器产业发展现状

3.2.1 全球传感器市场保持稳步增长

传感器产业是全球公认的最具发展前途的高技术产业,各国都非常重视传感器产业的发展,投入大量资源予以支持。目前有 40 个国家从事传感器的研制生产工作,企业6000 余家,产品达 2 万多种。近年来,受益于各国的持续推动,汽车、工业自动化、医疗、环保、消费等领域的智能化、数字化市场需求的带动,全球传感器市场规模保持稳步增长。

2019 年,全球传感器市场规模达到 1521.1 亿美元,市场规模同比增长 9.2%,但受宏观经济环境和下游应用市场影响,市场增速有所放缓。2017—2019 年全球传感器市场规模及增长率如图 3-4 所示。

2019 年,北美市场仍然占据全球市场的主要份额,市场规模达到 626.7 亿美元,占比达到 41.2%;其次是亚太市场和欧洲市场,市场规模分别为 356.6 亿美元和 238.8 亿美元,占比分别为 23.4% 和 15.7%,其中美、日、德三国合计占据全球传感器约 62% 的市场份额,亚太地区(如中国、印度等)仍将保持较快的增速。2019 年全球传感器市场区域结构如图 3-5 所示。

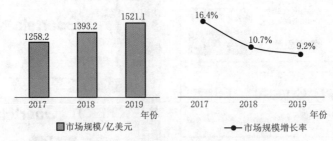

图 3-4　2017—2019 年全球传感器市场规模及增长率

（数据来源：赛迪顾问，2020 年 7 月）

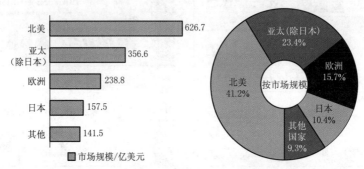

图 3-5　2019 年全球传感器市场区域结构

（数据来源：赛迪顾问，2020 年 7 月）

2019 年，汽车电子市场仍然占据全球市场的主要份额，市场规模达到 491.3 亿美元，占比达到 32.3％；其次是工业和消费电子，市场规模分别为 370 亿美元和 269.2 亿美元，占比分别为 24.3％和 17.7％，另外受大气污染、水质污染、工业污染等环境污染的影响，企业和相关监管部门越来越依赖水质、气体等环境传感器来监测和识别成分的变化；受人口老龄化的影响，如中国、印度和澳大利亚，人均收入增长和发展医疗保健基础设施也将促进医疗和生物传感器的需求，环境监测和医疗/保健传感器市场增速较快。2019 年全球传感器市场应用结构如图 3-6 所示。

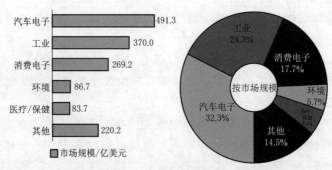

图 3-6　2019 年全球传感器市场应用结构

（数据来源：赛迪顾问，2020 年 7 月）

3.2.2 中国传感器市场增速领跑全球

2019年，中国传感器市场规模达2188.8亿元，同比增长12.7%，市场增速仍然高于全球3.5个百分点，传感器在中国各应用领域的渗透能力进一步加强。2019年，中国实现5G网络的预商用，不仅是5G产业链对于传感器的需求，而是5G将催生各垂直应用领域的智慧化、网络化的应用，从而极大地增强了传感器的市场渗透能力。此外，国内智慧产业跨界融合也带来新的市场增量，比如智能制造是工业自动化与信息化的深度融合，能源互联网是能源体系与互联网体系的深度融合，车联网（智能网联汽车）产业是汽车、电子、信息通信、道路交通运输等行业深度融合的新型产业形态，这也使得传感器在智慧产业领域的创新应用成为新热点。

伴随着国内物联网业务的快速增长与传统产业的融合不断加深，加上国家政策大力支持，以及5G、机器学习、自动驾驶等技术的推广，国内传感器的市场需求不断增大，市场增速将继续领跑全球。2017—2019年中国传感器市场规模及增长率如图3-7所示。

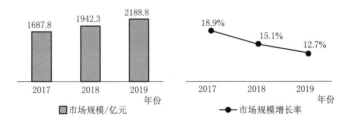

图3-7 2017—2019年中国传感器市场规模及增长率

（数据来源：赛迪顾问，2020年7月）

3.2.3 国内传感器市场的"三驾马车"

从市场结构来看，汽车电子、工业制造和网络通信领域占据国内传感器市场前三名的位置，市场规模分别达到529.2亿元、505.8亿元和459.8亿元，占比分别为24.2%、23.1%和21.0%。2019年中国传感器市场应用结构如图3-8所示。

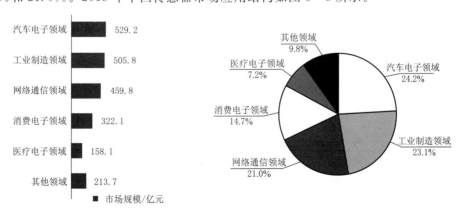

图3-8 2019年中国传感器市场应用结构

（数据来源：赛迪顾问，2020年7月）

其中，2019 年工业制造类传感器市场比 2018 年增长 12.8％，近三年市场规模保持 10％以上的快速增长。2017—2019 年中国传感器工业制造领域市场规模及增长率如图 3-9 所示。

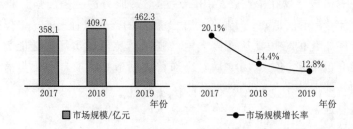

图 3-9　2017—2019 年中国传感器工业制造领域市场规模及增长率
（数据来源：赛迪顾问，2020 年 7 月）

3.2.4　国内传感器产品以中低端为主

就总体水平而言，国内的传感器产品仍以中低端为主，技术相对落后，数字化、智能化、微型化产品严重欠缺，亟须加强基础理论和技术工艺研发、增强产业链配套能力、开展产业化应用推广，逐步提升本土产业核心竞争力。

从产业发展来看，我国传感器制造行业起步较晚，国内产业整体较国外差距较大，如汽车电子、消费电子、工业自动化、高端制造领域高附加值的传感器产品主要依赖进口，在微纳传感器、MEMS（微机电系统）传感器、多功能微型传感器、新型微声学传感器等先进传感领域，我国仍处于并跑和跟跑水平，国内传感器生产仍以中低端产品或应用集成为主，缺乏核心技术和基础能力。从市场发展来看，近年来国内传感器市场一直持续增长，近千亿的市场规模亦吸引不少国外厂家在中国进行布局，博世、意法半导体、德州仪器、楼氏电子、恩智浦、TDK、松下等传统的电子行业巨头，都把传感器作为未来业务的主要增长点，占据中国 70％左右的市场份额，尤其是以 MEMS 传感器为代表的高端智能传感器市场，中国本土企业的市场份额较小，国内具有代表性的企业有歌尔股份、瑞声科技等。在全球的排名方面，国内最大的企业歌尔股份排名未进入前十，暴露出国内外传感器技术之间的差距。2018 年全球 MEMS 领域企业营收排名见表 3-1。

表 3-1　　　　　　　　　　2018 年全球 MEMS 领域企业营收排名

排名	公司	国家	MEMS 业务营收/亿元	排名	公司	国家	MEMS 业务营收/亿元
1	博通	美国	102.7	7	恩智浦	荷兰	30.8
2	博世	德国	95.5	8	楼氏电子	美国	30.6
3	意法半导体	瑞士	52.8	9	TDK	日本	25.9
4	德州仪器	美国	41.6	10	松下	日本	23.0
5	QORVO	美国	41.5	11	歌尔股份	中国	20.1
6	惠普	美国	35.1	23	瑞声科技	中国	8.0

数据来源：赛迪顾问，2020 年 7 月。

3.3 电力传感器市场规模预测

传感器在电力行业主要用于感知电网、采集电网运行参数、获取设备运行状态及保护电力系统的稳定运行等,主要类型包括实现高电压大电流测量的电磁传感器、用于监测发电机的电阻应变式传感器、热电传感器以及流量传感器,感知输变电线路运行状态的温湿度传感器、风速传感器、振动传感器,以及光缆电缆线路故障监测的光纤传感器等。

3.3.1 能源互联网推动下游感知设备需求持续旺盛

国家电网有限公司已经确定将"具有中国特色国际领先的能源互联网企业"作为公司长远发展的战略目标。能源互联网是综合应用先进的电力电子技术、信息技术和智能管理技术,将大量由分布式能量采集装置、分布式能量储存装置和各种类型负载构成的新型电力网络节点互联起来,以实现能量双向流动的能量对等交换与共享网络的能源系统。其本质是采用互联网理念、方法和技术驱动能源体系变革。

感知设备是推动电网互联互通的底层基础,主要由状态感知和执行控制主体终端构成,通过利用传感技术和智能化芯片技术,实现对电力系统运行、用户用能、能源分布、市场交易以及外界环境影响等基础数据进行采集、感知与监测。其中电力系统二次设备、电网监测设备、用电侧设备是感知设备的主要组成部分,而传感器又是这些设备的重要构成。

能源互联网的建设,需要实现业务协同和数据贯通,实现电力系统统一物联管理,不断支撑电网业务与新兴业务协同发展,最终全面形成共建共治共享的能源互联网生态圈。在能源互联网建设的推进下,电力系统新业务模式、新生态环境对于数据信息的支撑提出了更高的要求,传感器作为互联感知的基础,是获取电力系统数据信息的重要渠道,对于提升电网智能化、数字化水平起着重要作用。未来随着能源互联网工程的不断建设,电力感知层市场规模不断扩大,电力传感器将迎来爆发式增长。

3.3.2 2020—2022年全球电力传感器市场规模稳步增长

2020—2022年,受益于全球物联网市场的不断壮大,作为物联网感知层的传感器市场规模继续保持快速增长,预计2022年市场规模达到2137.0亿美元。2020—2022年全球传感器市场规模及增长率预测如图3-10所示。

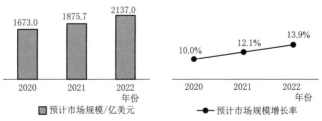

图3-10 2020—2022年全球传感器市场规模及增长率预测

(数据来源:赛迪顾问,2020年7月)

　　而受到各国政策方面的大力支持，全球智能电网市场快速增长，在智能电网快速发展的带动下，全球电力传感器市场规模也将保持高位增长，预计到 2022 年全球电力传感器市场规模将达到 412.0 亿美元，占据全球传感器市场规模的 19.3%，电力传感器未来将成为传感器在工业领域的重要应用，它将在电网计量、配电管理、变电站自动化、电力设备状态监测及光缆电缆线路故障监测和定位等方面发挥重要作用。2020—2022 年全球电力传感器市场规模及增长率预测如图 3-11 所示。

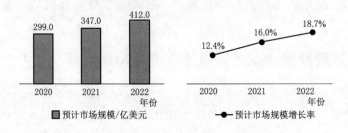

图 3-11　2020—2022 年全球电力传感器市场规模及增长率预测

（数据来源：赛迪顾问，2020 年 7 月）

3.3.3　2022 年中国电力传感器市场规模将突破 700 亿元

　　从传感器市场发展趋势来看，随着我国工业互联网、智能制造、人工智能等战略的实施，各级政府加速推动智慧城市、智能制造、智慧医疗、智能电网等的建设和发展，为传感器市场及企业带来更好的发展机遇，预计 2022 年中国传感器市场规模将达到 3443.0 亿元。2020—2022 年中国传感器市场规模及增长率预测如图 3-12 所示。

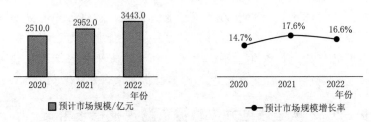

图 3-12　2020—2022 年中国传感器市场规模及增长率预测

（数据来源：赛迪顾问，2020 年 7 月）

　　受到国内传感器市场规模持续壮大和能源互联网建设的影响，电力传感器作为工业领域传感器的主要应用，预计到 2022 年其市场规模将达到 730.0 亿元，主要源于发电、输配电、用电各个层级对于智能化数据采集设备的需求越来越高，以及电力传感器智能化、集成化发展趋势越来越明显，能够满足更多应用场景的需求。2020—2022 年中国电力传感器市场规模及增长率预测如图 3-13 所示。

　　在产品方面，未来用于监测电流、电压、电阻、电功率、相位、磁场等电气量的传感器，结构简单，安装灵活，成本低，稳定性和可靠性高，因而使用较为广泛，市场占有率也较高，预计在 2022 年电气量传感器市场占有率将达到 72.0%，市场规模达到 525.6 亿元。

其他传感器则包括湿度传感器、风速传感器、振动传感器等周围环境感知传感器和行为量传感器等，预计 2022 年市场规模达到 204.4 亿元，占比 28.0%。2022 年中国电力传感器市场结构预测如图 3-14 所示。

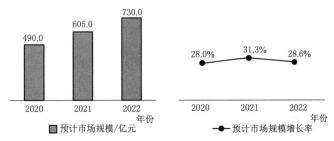

图 3-13　2020—2022 年中国电力传感器市场规模及增长率预测

（数据来源：赛迪顾问，2020 年 7 月）

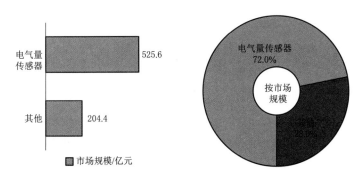

图 3-14　2022 年中国电力传感器市场结构预测

（数据来源：赛迪顾问，2020 年 7 月）

3.4　电力传感器产业发展趋势

随着电力需求侧市场规模的不断扩大，未来以智能电表等为代表的电力需求侧传感器模组将迎来快速增长；而低功耗、微型化、集成化、网络化、智能化的传感器则是电力传感器未来的演进方向，助力电网实现数字化、智能化改造；智能交通基础设施、智慧能源基础设施等新型基础设施建设的逐步开展也为电力传感器提供了更多的应用机会。

3.4.1　电力需求侧传感器模组迎来快速增长

智能电网是我国实施新型能源战略和优化能源资源配置的重要平台，是国家抢占未来低碳经济制高点的重要战略措施。受宏观政策环境、数字技术进步与升级等众多利好因素的影响，2020—2022 年中国智能电网市场规模将继续维持约 20% 的高增长率，为中国实现世界一流的能源互联网生态圈作出巨大贡献。电网智能化进程正在不断向电力需求侧推进，用电环节和调度环节将成为智能电网未来发展的主要侧重点，市场规模和占比持续增加。2019 年电力需求侧市场规模占比首次超过电力供给侧，达到 50.3%。2020 年，我国配电网智能化投资规模将达到 87 亿元，而用电侧智能化建设投资规模将突破

400 亿元。2020—2022 年，电力需求侧市场将继续平稳上升，预计到 2022 年，用电环节和调度环节在智能电网中占比将达到 54.1%。2017—2022 年中国智能电网结构及预测如图 3-15 所示。

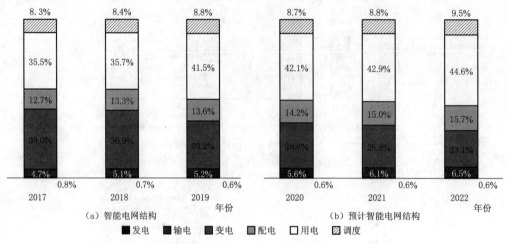

图 3-15　2017—2022 年中国智能电网结构及预测
（数据来源：赛迪顾问，2020 年 7 月）

　　在用电环节，我国积极推广应用智能电表计量装置，推动智能井盖、智能联网家电等领域的技术创新，提升终端设备的信息采集交互能力，全面开展智能用电服务以改变终端用户的用电模式，提高用户用电效率。我国智能电表等各类终端的接入量达 5.4 亿台（套），2020 年将实现智能电表 100% 覆盖。智能电表不仅是电力计费结算的法定器具，还是智能电网的重要传感器。当前，智能电表的费控功能已臻于完善，智能电表的传感器功能还有很多可挖掘的价值。通过分析智能电表所采集的数据信息，不仅可看到电网的运行情况、设备的具体状态，还可了解电力用户的用电习惯，预测负荷变化，开展用户需求侧管理等。智能电表将成为电网实现数字化、智能化转型的基础。中国智能电网终端设备市场空间和发展潜力示意图如图 3-16 所示。

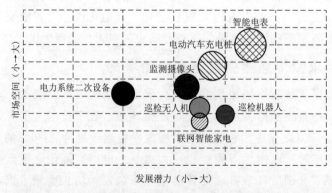

图 3-16　中国智能电网终端设备市场空间和发展潜力示意图
（数据来源：赛迪顾问，2020 年 7 月）

3.4.2 电力传感器向着集成化和智能化方向发展

电力传感器是智能电网感知体系的重要组成部分，贯穿于智能电网"发、输、变、配、用"整个全产业链，支撑着电网运行过程的信息全面感知以及智能应用的高效执行。

随着智能电网建设进程的加快，对电力传感器在信息感知的深度、广度和密度等方面有了更高要求，传感器数量的需求也呈现出爆发式的增长，具有低功耗、宽频带、高频响、高动态范围等特性的电力传感器正在加快向直流电网和交直流混合电网渗透。与此同时，智能电网运行过程和监测系统产生的数据种类和数据量也将快速增加，传统低附加值的传感器系统由于网络交互能力差，针对电力感知应用响应速度慢，已经不能满足全新的使用要求。当前电力传感器正在朝着低功耗、微型化、集成化、网络化、智能化的方向发展，以集成化智能传感器为典型代表的电力传感器迎来了重要的发展机遇，它将 ASIC 电路、微处理器、通信接口、软件协议等与敏感芯片相结合，使得敏感芯片的感知信息得到最充分的利用。集成化智能传感器的输出信号经过硬件电路处理后，以数字信号的形式传送给微处理器，再结合边缘计算等理论和技术，具备了判断和信息处理能力，从而形成智能分析技术平台，实现对测量过程的数据处理、逻辑判断和各种控制，以及信息传输等功能，将感知与测量、控制深度结合，实现"传感＋就地分析"，具备了对复杂问题的一体化处理能力，能够解决电力智能传感器技术和应用的碎片化问题，使得电网运行的稳定性和可靠性不断提高。

3.4.3 智慧能源基础设施建设为电力传感器发展注入新动力

2020 年 4 月，国家发改委首次明确"新基建"主要包括信息基础设施、融合基础设施和创新基础设施三大基础设施，其中融合基础设施包括智能交通基础设施、智慧能源基础设施等内容，而新能源汽车充电桩、特高压等领域建设均属于智慧能源基础设施的一部分。

新能源汽车充电桩领域，截至 2020 年 4 月，全国共计公共类充电桩 54.7 万台，私人类充电桩 74.0 万台，全国充电基础设施累计数量为 128.7 万台，同比增加 43.8%，但与 2020 年年底全国充电桩保有量 480 万台相比，目前缺口仍然较大。国家电网有限公司以 8.8 万台充电桩保有量名列充电桩硬件企业第三位，并宣布 2020 年计划安排充电桩建设投资 27 亿元，新增充电桩 7.8 万个，引领带动充电桩设施发展。中国南方电网有限责任公司则明确未来 4 年将在充电桩领域计划投资 251 亿元，建成大规模集中充电桩 150 座，充电桩 38 万台，是现有数量的 10 倍以上。如图 3 – 18 所示，充电桩主要由充电模块、APF 有源滤波器、电池维护设备、监控设备等构成，以电流传感器为代表的电量测量元件，能够在充电过程中精确测量汽车充电量，实时监测和确保充电安全，及时发现和报告内部异常情况，避免安全事故发生。随着充电桩市场的迅速扩大，相关电力传感器也将受益，未来发展空间广阔。中国电动汽车充电桩市场规模及增长率如图 3 – 17 所示。

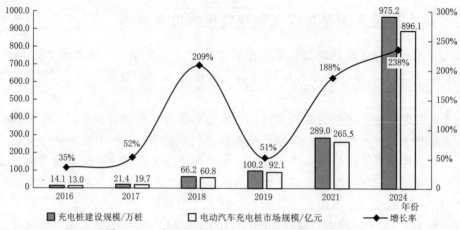

图 3-17　中国电动汽车充电桩市场规模及增长率

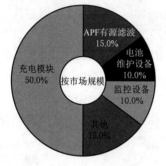

图 3-18　充电桩成本构成

特高压领域，国家电网有限公司"南昌—长沙""荆门—武汉""驻马店—武汉""南昌—武汉""南阳—荆门—长沙""白鹤滩—江苏""白鹤滩—浙江"等"五交两直"共7条特高压重点工程，涉及项目动态投资总规模919亿元，可带动社会投资2235亿元，整体规模超过3000亿元。其中，白鹤滩—江苏特高压工程已于2020年12月开工；南昌—长沙特高压工程已于2021年2月开工。

特高压产业作为智能电网产业链中输电环节的核心发展重点，将大幅带动产业链上游分布式能源发电，以及下游"变-配-用电侧"形成能源流、业务流、数据流的电网数字化建设，引导社会资本关注新能源发电、微电网、储能系统接入、巡检无人机、智能电表等市场热点，推动电力传感器在这些领域的快速发展应用。而在特高压设备领域，如图3-19所示，直流保护系统、GIS组合电器设备、互感器、断路器等特高压核心设备也将为电力传感器提供更多的应用机会。

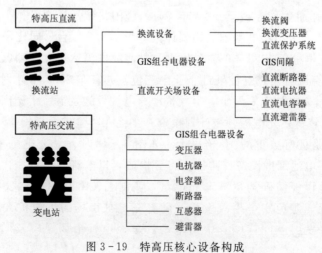

图 3-19　特高压核心设备构成

第4章
电力传感技术发展现状分析

4.1 电力传感器标准现状分析

4.1.1 电力传感器基础通用标准分析

4.1.1.1 国内标准化情况

20世纪60年代，我国开始传感技术的研究与开发，时至今日已经在传感器机理、用材、设计、制造、检测及推广应用方面获得了长足的进步，对应的传感器标准和检测能力形成基本体系，很多机构、专业团队、高校、研究院所都建立了实验室，能够开展电子产品通用性能、专业性能试验。针对电力行业就已经制定形成了传感器国家标准、电力行业标准和电网企业标准。电力传感器基础通用标准梳理及分析见表4-1，类型包括基础类规范（命名、分类、信息模型、电磁电气等）、试验与检测、传感器网络、智能传感器、MEMS传感器、半导体传感器、压力等传感器规范。随着传感器技术的发展，越来越多的新型传感器被安装和部署到更多的场景中，针对电力领域的传感器产品分类、命名、功能、性能、安全、测试、应用场景、校准方法、试验方法、可靠性要求、安装设置，以及传感器与其他终端设备、系统平台的连接技术、通信接口和互操作、专用场景技术要求等标准也将纳入进来。

表 4-1　　　　　　　　电力传感器基础通用标准梳理及分析

序号	技术类型	标准名称	标准类别	标准号	内 容 概 述
1	基础规范	传感器分类与代码	国家标准	GB/T 36378—2018	分为3部分：第1部分：物理量传感器；第2部分：化学量传感器；第3部分：生物量传感器。规范给出了传感器的分类方法、编码方法以及具体的代码及说明
2		传感器通用术语	国家标准	GB/T 7665—2005	规范了传感器的产品名称和性能特性
3		传感器图用图形符号	国家标准	GB/T 14479—1993	规范了传感器的图形符号
4		电力物联网传感器信息模型规范	行业标准	DL/T 1732—2017	规范了电力系统中物联网传感器信息模型的建模要求、服务及配置方法

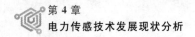

续表

序号	技术类型	标准名称	标准类别	标准号	内容概述
5	基础规范	无线传感器网络设备电磁电气基本特性规范	行业标准	DL/T 2065—2019	规范了电力系统无线传感器网络设备的电磁兼容性指标、电气特性指标及测试方法等内容
6		电力物联网传感器信息模型规范	企业标准	Q/GDW 11214—2014	规范了电力系统中物联网传感器信息模型的建模要求、服务及配置方法
7		无线传感器网络设备电磁电气基本特性规范	企业标准	Q/GDW 1857—2013	规范了电力系统无线传感器网络设备的电磁兼容性指标、电气特性指标及测试方法等内容
8	试验与检测	电工电子产品环境试验	国家标准	GB/T 2421、GB/T 2423、GB/T 2424	该系列标准提供环境试验、严酷程度的基础信息，评价产品在实际使用、运输和储存过程中的性能
9		电磁兼容试验和测量方法	国家标准	GB/T 17626	规范了电气和电子设备（装置和系统）在其电磁环境中的试验和测量技术
10		压力传感器性能试验方法	国家标准	GB/T 15478—2015	规定了压力传感器性能的试验条件、试验项目及试验方法
11		力传感器的检验	国家标准	GB/T 33010—2016	规定了力传感器性能的试验条件、试验项目及试验方法
12		气体绝缘金属封闭开关设备局放传感器现场检验规范	企业标准	Q/GDW 11282—2014	规定了气体绝缘金属封闭开关设备特高频局部放电传感器现场检验的通用技术要求、检验用设备、检验项目、检验方法、检验结果处理以及检验周期等内容
13	传感器网络	信息技术传感器网络	国家标准	GB/T 30269	本系列标准共分 10 部分，传感器网络涉及传感器、通信与网络、信号处理、电子电路、嵌入式系统、信息安全等多种技术。参考 ISO/IEC 29182，重新起草形成 GB/T 30269 系列标准，规范传感器网络设计开发中的共性要求。 详细的内容：第 1 部分，参考体系结构和通用技术要求；第 2 部分，术语；第 3 部分，通信与信息交换；第 4 部分，协同信息处理；第 5 部分，标识；第 6 部分，信息安全；第 7 部分，传感器接口；第 8 部分，测试；第 9 部分，网关；第 10 部分，中间件
		电力无线传感器网络信息安全指南	企业标准	Q/GDW 1939—2013	本技术文件描述了电力系统的无线传感器网络感知层和网关设备应用具备的安全机制和实施措施。本标准适用于指导无线传感器网络的业务系统的信息安全的设计、实现、产品测试和采购等

序号	技术类型	标准名称	标准类别	标准号	内 容 概 述
14	智能传感器	智能传感器	国家标准	GB/T 33905	本系列标准共分为5部分,详细内容为:第1部分 总则;第2部分 物联网应用行规;第3部分 术语;第4部分 性能评定方法;第5部分 检查和例行试验方法。规定了总则、术语、传感器性能评定方法、检查项目和例行试验方法等,提出了智能传感器设计、测试原则性的要求
15		物联网总体技术 智能传感器接口规范	国家标准	GB/T 34068	规范了智能传感器接口方面的术语、定义、系统构成、数据格式和通信接口
16		物联网总体技术 智能传感器可靠性设计方法与评审	国家标准	GB/T 34071	规定了智能传感器设计过程中的可靠性设计以及对可靠性设计进行评审的方法和要求
17	MEMS传感器	MEMS电场传感器通用技术条件	国家标准	GB/T 35086—2018	MEMS电场传感器通用技术条件规定了传感器原材料、结构组成、技术要求、试验项目和方法、检验规则、包装、存储和运输。适用于MEMS电场传感器的研制、生产和采购,其他类型的电场传感器可参照使用
18		MEMS高g值加速度传感器性能试验方法	国家标准	GB/T 33929—2017	规定了MEMS高g值加速度传感器的电气性能和基本性能的术语和定义、试验条件、试验项目和方法
19	半导体传感器	半导体器件 第14-1部分:半导体传感器总则和分类	国家标准	GB/T 20521—2006	本部分规范了半导体制造的传感器总则、分类方法等,其他相关标准有第2部分:霍尔元件,第3部分:压力传感器
20	多种物理量传感器	硅电容式压力传感器	国家标准	GB/T 28854—2012	规定了硅电容式压力传感器的术语和定义、分类与命名、基本参数、要求、试验方法、检验规则及标志、包装、运输及贮存
21		硅基压力传感器	国家标准	GB/T 28855—2012	规定了硅基压力传感器的术语和定义、分类与命名、基本参数、要求、试验方法、检验规则和标志、包装、运输及贮存
22		硅压阻式动态压力传感器	国家标准	GB/T 26807—2011	规定了硅压阻式动态压力传感器的分类与命名、基本参数、要求、检验方法、检验规则及标志、包装、运输和贮存
23		直流差动变压器式位移传感器	国家标准	GB/T 28857—2012	规定了直流差动变压器式位移传感器的术语和定义、产品分类、基本参数、要求、试验方法、检验规则、标志、使用说明书、包装和贮存
24		称重传感器	国家标准	GB/T 7551—2008	规定了称重传感器的分类与命名、基本参数、要求、检验方法、检验规则及标志、包装、运输和贮存
25		磁电式速度传感器通用技术条件	国家标准	GB/T 30242—2013	规定了磁电式速度传感器的分类与型号命名、要求、试验方法、检验规则、包装和贮存

续表

序号	技术类型	标准名称	标准类别	标准号	内容概述
26		电容式湿敏元件与湿度传感器总规范	国家标准	GB/T 15768—1995	规定了电容式湿敏元件与湿度传感器的分类与型号命名、要求、试验方法、检验规则、包装和贮存
27	多种物理量传感器	电阻应变式压力传感器总规范	国家标准	GB/T 18806—2002	规定了电阻应变式压力传感器的分类与型号命名、要求、试验方法、检验规则、包装和贮存
28		光纤传感器 第1部分：总规范	国家标准	GB/T 18901.1—2002	涉及传感应用的光纤、光纤件和光纤组件的规范
29		光电式日照传感器	国家标准	GB/T 33702—2017	规定了光电式日照传感器的产品组成、技术要求、试验方法、检验规则、校准/测试周期、标识、包装、运输和贮存

4.1.1.2 国际标准化情况

传感器行业标准化机构：IEC 组织成立了开展传感器相关标准化机构，IEC TC47/SC47E 半导体分技术委员会，IEC TC 47/SC47F MEMS 分技术委员会，IEC TC124 可穿戴器件和技术标准化委员会，IEC/TC 49 频率控制、选择和探测用压电、介电与静电器件及相关材料标准化技术委员会，ISO/TC 108 工作组开展的 ISO 16063-33 振动与冲击传感器磁灵敏度测试方法等。

国际传感器标准以上机构制定了大量的国际传感器标准，相关部分国际传感器标准梳理及分析见表 4-2。

表 4-2   部分国际传感器标准梳理及分析

序号	技术类型	标准号	标准类别	标准名称
1	术语定义	IEC 62047-1：2016	国际标准	半导体器件 MEMS 第1部分：术语和定义
2	通用技术要求	IEC 61757-1-1998	国际标准	纤维光学传感器 第1部分：总规范
3		IEC 62047-4：2008	国际标准	半导体器件 MEMS 第4部分：通用规范
4		ISO 16063	国际标准	振动与冲击传感器的校准方法 系列
5		IEC 60747-14-11	国际标准	半导体器件 第14-11部分：半导体传感器，用于测量紫外线、光线和温度的、基于声表面波的集成传感器测量方法
6		IEC 62047-29	国际标准	半导体器件 MEMS 第29部分：室温下的导电薄膜的机电弛豫试验方法
7	试验测试	IEC 62047-30	国际标准	半导体器件 MEMS 第30部分：MEMS 压电薄膜电子机械转换特性测量方法
8		IEC 62047-31	国际标准	半导体器件 MEMS 第31部分：MEMS 分层材料界面粘附能测试方法 四点弯曲测试法
9		IEC 62047-36	国际标准	半导体器件 MEMS 第36部分：MEMS 压电薄膜环境和电气强度试验方法
10		IEC 62047-35	国际标准	半导体器件 MEMS 第35部分：可弯曲变形的柔性或可折叠的 MEMS 的抗破坏稳定性的标准试验程序

序号	技术类型	标准号	标准类别	标准名称
11	试验测试	IEC 62047-32	国际标准	半导体器件 MEMS 第32部分：MEMS谐振器振动非线性测试方法
12		IEC 62047-33	国际标准	半导体器件 MEMS 第33部分：MEMS压阻式压力敏感器件
13		IEC 62047-34	国际标准	半导体器件 MEMS 第34部分：圆片级MEMS压阻式压力敏感器件测试方法

电力物联传感标准：ISO 17800-2017对智能电网设备信息模型进行了规范，涉及需求响应、负荷监测、负载控制等；IEEE 1379-2000对变电站中远程终端设备和智能电子设备之间数据通信进行了建议规范；2019年，IEEE成立P2815工作组，正在组织编制智能配变终端技术规范国际标准。

传感网络标准：ISO/IEC JTC1"SGSN传感器网络研究组"开展传感器网络标准化研究；ISO/IEC JTC1 SC6分技术委员会侧重系统间远程通信和信息交换，相关提案"泛在传感器网络的安全框架""传感器网络应用和服务的网络参考模型"，ITU SG13\SG16\SG17开展了传感器网络需求、服务和应用、安全框架、中间件等方面研究；IEEE 802.15组织发布了短距离无线个域网标准，对应的有WiFi\ZigBee(IEEE802.15.4)\IEEE 802.15.4(BLE)等，其他的还要LoRa联盟标准（LoRaWAN Regional Parameters 2-1.0.0事实标准）。中国牵头制定的电力线通信已经形成了IEEE 1901.1宽带电力线网络相关标准。

4.1.2 电力终端技术规范分析

4.1.2.1 电源侧终端标准现状分析

电源侧包括传统发电厂、新能源风电站和太阳能电站、抽水蓄能电站等。电源侧的传感器均有大量应用，有环境量监测终端、气象卫星数据资源终端、中低压电气量采集终端。目前，电源侧传感器的标准相对较少，如新能源的场站传感器应用并未形成体系，缺乏支撑电站感知层建设的技术导则和专用传感器技术标准。电源侧传感器终端标准梳理及分析见表4-3。

表4-3　　　　　　　　　电源侧传感器终端标准梳理及分析

序号	技术类型	标准名称	标准类别	标准号	内容概述
1	通用技术要求	风力发电机组 第1部分：通用技术条件	企业标准	GB/T 19960.1—2005	规定了风轮扫掠面积等于或大于40m²的水平轴风力大电机组的技术要求、安全要求、试验方法、检验规则以及储运、交付等要求，提出监测项目要求
2		发电厂热工仪表及控制系统技术监督导则	行业标准	DL/T 1056—2017	规定了发电厂热控技术监督的范围、内容、技术管理及监督职责，提出了监控的技术参数、量值传递等内容
3		火力发电厂厂级监控信息系统技术条件	行业标准	DL/T 924—2016	规定了火力发电厂厂级监控信息系统的应用功能、硬件和软件配置、系统安全和网络管理、文档资料以及验收等的技术要求

序号	技术类型	标准名称	标准类别	标准号	内容概述
4	振动传感器技术要求	风力发电机组振动状态监测导则	行业标准	NB/T 31004—2011	规定了风力发电机组振动状态监测系统类型、传感器安装原则、测量类型和测量值、振动状态监测系统技术条件、振动值评定以及信号处理和分析
5	环境感知技术要求	输电线路气象监测装置技术规范	企业标准	Q/GDW 1243—2015	规定了输电线路气象监测装置的组成、功能要求、技术要求、试验方法、检验规则、标志、包装、运输与贮存等

4.1.2.2 输电领域终端标准现状分析

输电线路传感终端标准已形成体系，目前已制定形成了传感器国家标准、电力行业标准和国家电网企业标准见表 4-4，主要分为传感器通用技术规范、输电线路 11 大类状态监测装置企业标准、传感装置设计安装和检测标准等。已规范化的装置类别有气象、导线温度、微风振动、风偏、杆塔倾斜、污秽、图像视频等，标准类型包含通用技术规范、装置技术规范、设计、安装、验收等，提出了组成、功能要求、技术要求、试验方法、检验规则、标志、包装、运输与贮存等详细的要求。随着传感器技术发展，输电线路方面标准仍存在着一些薄弱的地方，诸如传感器的数据传输、传感器的自供电、新型的传感器技术等，这些方面将是今后标准化的重点。输电侧传感器终端标准梳理及分析见表 4-4。

表 4-4　　　　　　　　　　输电侧传感器终端标准梳理及分析

序号	技术类型	标准名称	标准类别	标准号	内容概述
1	传感器通用技术规范	±800kV 高压直流输电用传感器通用技术规范	企业标准	Q/GDW 259—2009	规定了 ±800kV 高压直流输电用传感器的组成、功能要求、技术要求、试验方法、检验规则、标志、包装、运输与贮存等
2	输电线路状态监测装置	架空输电线路运行状态监测系统	企业标准	GB/T 25095—2010	规定了架空输电线路运行状态监测系统的技术要求、试验方法、检验规则，以及产品的标志、包装、运输和贮存
3		架空输电线路在线监测装置通用技术规范	企业标准	GB/T 35697—2017	规定了架空输电线路在线监测装置的组成、功能要求、技术要求、试验方法、检验规则、标志、包装、运输与贮存等
4		架空输电线路导地线覆冰监测装置	企业标准	DL/T 1508—2016	规定了架空输电线路导地线覆冰监测装置的组成、技术要求、试验方法、检验规则、标志、包装、运输与贮存等
5		输变电设备状态监测系统技术导则	企业标准	Q/GDW 561—2010	规定了输变电设备在线监测系统的总体要求、功能要求、配置原则、数据传输、供电电源及安装要求等内容
6		架空输电线路在线监测系统通用技术条件	企业标准	Q/GDW 245—2008	规定了架空输电线路状态监测装置的组成、功能要求、技术要求、试验方法、检验规则、标志、包装、运输与贮存等
7		输电线路状态监测装置通用技术规范	企业标准	Q/GDW 1242—2015	规定了输电线路状态监测装置的组成、功能要求、技术要求、试验方法、检验规则、标志、包装、运输与贮存等

序号	技术类型	标准名称	标准类别	标准号	内容概述
8	输电线路状态监测装置	输电线路气象监测装置技术规范	企业标准	Q/GDW 1243—2015	规定了输电线路气象监测装置的组成、功能要求、技术要求、试验方法、检验规则、标志、包装、运输与贮存等
9		输电线路导线温度监测装置技术规范	企业标准	Q/GDW 1244—2015	规定了输电线路导线温度监测装置的组成、功能要求、技术要求、试验方法、检验规则、标志、包装、运输与贮存等
10		输电线路等值覆冰厚度监测装置技术规范	企业标准	Q/GDW 1554—2015	规定了输电线路等值覆冰厚度装置的组成、功能要求、技术要求、试验方法、检验规则、标志、包装、运输与贮存等
11		输电线路图像/视频监控装置技术规范 第1部分:图像监控装置	企业标准	Q/GDW 1560.1—2014	规定了输电线路图像/视频监控装置的组成、功能要求、技术要求、试验方法、检验规则、标志、包装、运输与贮存等
12		输电线路图像/视频监控装置技术规范 第2部分:视频监控装置	企业标准	Q/GDW 1560.2—2014	规定了输电线路图像/视频监控装置的组成、功能要求、技术要求、试验方法、检验规则、标志、包装、运输与贮存等
13		输电线路分布式故障监测装置技术规范	企业标准	Q/GDW 11660—2016	规定了输电线路分布式故障监测装置的组成、功能要求、技术要求、试验方法、检验规则、标志、包装、运输与贮存等
14		输电线路山火卫星监测系统通用技术规范	企业标准	Q/GDW 11315—2014	规定了架空输电线路山火卫星监测术语、系统组成及功能、数据要求、功能要求以及信息验证
15		输电线路舞动监测装置技术规范	企业标准	Q/GDW 10555—2016	规定了输电线路舞动监测装置的组成、功能要求、技术要求、试验方法、检验规则、标志、包装、运输与贮存等
16		输电线路导线弧垂监测装置技术规范	企业标准	Q/GDW 10556—2017	规定了输电线路导线弧垂监测装置的组成、功能要求、技术要求、试验方法、检验规则、标志、包装、运输与贮存等
17		输电线路风偏监测装置技术规范	企业标准	Q/GDW 10557—2017	规定了输电线路风偏监测装置的组成、功能要求、技术要求、试验方法、检验规则、标志、包装、运输与贮存等
18		输电线路现场污秽度监测装置技术规范	企业标准	Q/GDW 10558—2017	规定了输电线路现场污秽度监测装置的组成、功能要求、技术要求、试验方法、检验规则、标志、包装、运输与贮存等
19		输电线路杆塔倾斜监测装置技术规范	企业标准	Q/GDW 10559—2016	规定了输电线路杆塔倾斜监测装置的组成、功能要求、技术要求、试验方法、检验规则、标志、包装、运输与贮存等
20		输电线路微风振动监测装置技术规范	企业标准	Q/GDW 10245—2016	规定了输电线路微风振动监测装置的组成、功能要求、技术要求、试验方法、检验规则、标志、包装、运输与贮存等

序号	技术类型	标准名称	标准类别	标准号	内 容 概 述
21	输电线路状态监测装置	输电线路在线监测装置通用技术规范	企业标准	Q/CSG 1203020—2016	规定了输电线路在线监测装置的基本功能、技术要求、试验方法、检验规则及包装储运要求等。适用于 110kV 及以上架空输电线路在线监测装置
22		架空输电线路在线监测设计技术导则	企业标准	Q/GDW 11526—2016	规定了架空输电线路在线监测设计的总体要求、功能要求、配置原则、数据传输、供电电源及安装要求等内容
23	监测装置设计、安装与检测	架空输电线路状态监测装置安装调试与验收规范	企业标准	Q/GDW 11448—2015	规定了架空输电线路工程中的气象、导线温度、微风振动、等值覆冰厚度、导线舞动、导线弧垂、风偏、现场污秽、杆塔倾斜、图像视频监控等状态监测装置安装调试与验收项目及规范
24		输电线路状态监测装置试验方法	企业标准	Q/GDW 11449—2015	规定了架空输电线路状态监测装置试验项目、试验方法、判定准则等

4.1.2.3　变电领域终端标准现状分析

变电侧传感终端标准已形成体系，目前已制定形成了传感器国家标准、电力行业标准和国家电网企业标准，见表 4－5，主要分为高电压测试设备技术规范、变电设备监测装置技术规范、带电检测仪表技术规范、互感器技术规范、继保及安稳装置技术规范、同步向量测量技术规范、电缆局放测量技术规范、终端安全测评技术规范、远动设备通信等。已规范化的装置类别有高压开关、分压器、变压器、电容型设备、避雷器、互感器、继保及安稳装置、电缆、PMU 等，已规范的测量对象有冲击电压、局部放电、水分、绝缘油绝缘强度、真空度、电力电容、接地电流、SF_6 气体等。测试仪表类技术规范包括术语和定义、技术要求、测试方法、检验规则、铭牌、包装、运输和贮存等要求；变电设备如变压器、电容器、高压开关等规范规定了变电设备进行状态试验技术条件、试验方法以及试验项目等内容；远动设备通信技术标准规定了数据命名、数据定义、设备行为、设备的自描述特征和通用的配置语言等内容。变电侧传感器终端标准梳理及分析见表 4－5。

表 4－5　　　　　　　　　　　变电侧传感器终端标准梳理及分析

序号	技术类型	标准名称	标准类别	标准号	内 容 概 述
1	高压测试设备技术条件	高电压测试设备通用技术条件 第 1 部分：高电压分压器测量系统	行业标准	DL/T 846.1	规定了交流、直流及交直流两用的高电压测试系统的产品分类、技术要求、测试方法、检验规则、标志、包装、运输和贮存等要求
2		高电压测试设备通用技术条件 第 2 部分：冲击电压测试系统	行业标准	DL/T 846.2	规定了冲击测量系统应满足的要求、冲击测量系统及其组件的认可和校核方法以及系统被证实满足本部分要求的程序

序号	技术类型	标准名称	标准类别	标准号	内 容 概 述
3		高电压测试设备通用技术条件第3部分：高压开关综合测试仪	行业标准	DL/T 846.3	规定了高压开关综合测试仪的术语和定义、技术要求、测试方法、检验规则、铭牌、包装、运输和贮存等要求
4		高电压测试设备通用技术条件第4部分：脉冲电流法局部放电测量仪	行业标准	DL/T 846.4	规定了脉冲电流法局部放电测量仪的术语和定义、技术要求、测试方法、检验规则、铭牌、包装、运输和贮存等要求
5		高电压测试设备通用技术条件第5部分：六氟化硫微量水分仪	行业标准	DL/T 846.5	规定了六氟化硫微量水分仪的术语和定义、技术要求、测试方法、检验规则、铭牌、包装、运输和贮存等要求
6		高电压测试设备通用技术条件第6部分：六氟化硫气体检测仪	行业标准	DL/T 846.6	规定了六氟化硫气体检测仪的术语和定义、技术要求、测试方法、检验规则、铭牌、包装、运输和贮存等要求
7	高压测试设备技术条件	高电压测试设备通用技术条件第7部分：绝缘油介电强度测试仪	行业标准	DL/T 846.7	规定了绝缘油介电强度测试仪的术语和定义、技术要求、测试方法、检验规则、铭牌、包装、运输和贮存等要求
8		高电压测试设备通用技术条件第8部分：有载分接开关测试仪	行业标准	DL/T 846.8	规定了有载分接开关测试仪的术语和定义、技术要求、测试方法、检验规则、铭牌、包装、运输和贮存等要求
9		高电压测试设备通用技术条件第9部分：真空开关真空度测试仪	行业标准	DL/T 846.9	规定了真空开关真空度测试仪的术语和定义、技术要求、测试方法、检验规则、铭牌、包装、运输和贮存等要求
10		高电压测试设备通用技术条件第10部分：暂态地电压局部放电测试仪	行业标准	DL/T 846.10	规定了暂态地电压局部放电测试仪的术语和定义、技术要求、测试方法、检验规则、铭牌、包装、运输和贮存等要求
11		高电压测试设备通用技术条件第11部分：特高频局放电检测仪	行业标准	DL/T 846.11	规定了特高频局部放电检测仪的术语和定义、技术要求、测试方法、检验规则、铭牌、包装、运输和贮存等要求
12		高电压测试设备通用技术条件第12部分：电力电容测试仪	行业标准	DL/T 846.12	规定了电力电容测试仪的术语和定义、技术要求、测试方法、检验规则、铭牌、包装、运输和贮存等要求

续表

序号	技术类型	标准名称	标准类别	标准号	内 容 概 述
13	变电设备监测装置技术规范	变电设备在线监测装置技术规范 第 1 部分：通则	行业标准	DL/T 1498.1—2016	本系列标准包括 5 部分，变电设备在线监测装置用于变电设备如变压器、电容器、高压开关、铁芯接地电流等进行状态监测，本系列标准规定了变电设备在线监测装置的技术条件、试验方法以及试验项目等内容
14		变电设备在线监测装置技术规范 第 2 部分：变压器油中溶解气体在线监测装置	行业标准	DL/T 1498.2—2016	
15		变电设备在线监测装置技术规范 第 3 部分：电容型设备及金属氧化物避雷器绝缘在线监测装置	行业标准	DL/T 1498.3—2016	
16		变电设备在线监测装置技术规范 第 4 部分：气体绝缘金属封闭开关设备局部放电特高频在线监测装置	行业标准	DL/T 1498.4—2017	
17		变电设备在线监测装置技术规范 第 5 部分：变压器铁芯接地电流在线监测装置	行业标准	DL/T 1498.5—2017	
18		变电设备在线监测装置通用技术规范	企业标准	Q/GDW 1535—2015	规定了变电设备在线监测装置的工作条件、技术要求、试验、检验规则、标示、包装、运输、贮存等内容
19		变电设备在线监测系统技术导则	企业标准	Q/GDW 534—2010	规定了变电设备在线监测系统的总体要求、功能要求、配置原则、数据传输、供电电源及安装要求等内容
20		变电站测控装置技术规范	企业标准	DL/T 1512—2016	规定了变电站测控装置的工作条件、技术要求、试验、检验规则、标示、包装、运输、贮存等内容
21		智能变电站 110kV 合并单元智能终端集成装置技术规范	企业标准	Q/GDW 1902—2013	规定了智能变电站 110（66）kV 合并单元智能终端集成装置的硬件配置、功能要求、技术指标、安装要求以及技术服务等内容
22		变电设备光纤温度在线监测装置技术规范	企业标准	Q/GDW 11478—2015	规定了光纤温度在线监测装置的系统组成、技术要求、试验项目及要求、检验规则、标示、包装、运输、贮存等内容

序号	技术类型	标准名称	标准类别	标准号	内 容 概 述
23		电力设备带电检测仪器技术规范 第1部分：带电检测仪器通用技术规范	企业标准	Q/GDW 11304.1—2015	
24		电力设备带电检测仪器技术规范 第5部分：高频法局部放电带电检测仪器技术规范	企业标准	Q/GDW 11304.5—2015	
25		电力设备带电检测仪器技术规范 第4-1部分：油中溶解气体分析带电检测仪器技术规范（气相色谱法）	企业标准	Q/GDW 11304.41—2015	
26	电力设备带电检测仪表规范	电力设备带电检测仪器技术规范 第4-2部分：油中溶解气体分析带电检测仪器技术规范（光声光谱法）	企业标准	Q/GDW 11304.42—2015	本系列规范共计21部分，规定了电力设备带电检测技术规范，包含成像、油中气体、高频法局放、特高频法局放、接地电流、设备绝缘、超声波法、瓷绝缘子、SF_6 气体、暂态地电压法、开关设备、变压器、电抗器等设备或检测方法
27		电力设备带电检测仪器技术规范 第3部分：紫外成像仪技术规范	企业标准	Q/GDW 11304.3—2015	
28		电力设备带电检测仪器技术规范 第7部分：电容型设备绝缘带电检测仪器技术规范	企业标准	Q/GDW 11304.7—2015	
29		电力设备带电检测仪器技术规范 第8部分：特高频法局放电带电检测仪技术规范	企业标准	Q/GDW 11304.8—2015	
30		电力设备带电检测仪器技术规范 第11部分：SF_6 气体湿度带电检测仪器技术规范	企业标准	Q/GDW 11304.11—2014	

序号	技术类型	标准名称	标准类别	标准号	内 容 概 述
31	电力设备带电检测仪表规范	电力设备带电检测仪器技术规范 第 15 部分：SF$_6$ 气体泄漏红外成像法带电检测仪器技术规范	企业标准	Q/GDW 11304.15—2015	本系列规范共计 21 部分，规定了电力设备带电检测技术规范，包含成像、油中气体、高频法局放、特高频法局放、接地电流、设备绝缘、超声波法、瓷绝缘子、SF$_6$ 气体、暂态地电压法、开关设备、变压器、电抗器等设备或检测方法
32		电力设备带电检测仪器技术规范 第 17 部分：高压开关机械特性检测仪器技术规范	企业标准	Q/GDW 11304.17—2014	
33		电力设备带电检测仪器技术规范 第 18 部分：开关设备分合闸线圈电流波形带电检测仪器技术规范	企业标准	Q/GDW 11304.18—2015	
34	SF$_6$ 压力和水分监测装置技术规范	断路器和气体绝缘金属封闭开关设备六氟化硫气体压力及水分在线监测装置技术规范	企业标准	Q/GDW 11557—2016	规定了断路器和气体绝缘金属封闭开关设备 SF$_6$ 气体压力及水分在线监测装置的技术要求、试验项目及要求、检验规则、安装、验收、标志、包装、运输、贮存等要求，用以规范断路器和气体绝缘金属封闭开关设备 SF$_6$ 气体压力及水分在线监测装置的接入安全性，保障装置可靠运行，装置的技术性能。本标准适用于 40.5～1100kV 断路器及气体绝缘金属封闭开关设备 SF$_6$ 气体压力及水分在线监测装置
35	测控终端安全测评技术规范	嵌入式电力测控终端设备的信息安全测评技术指标框架	企业标准	Q/GDW/Z 1938—2013	本指导性技术文件确立了电力系统中嵌入式测控终端设备的信息安全技术指标。本指导性技术文件适用于指导本地或远程嵌入式测控设备的信息安全测评。典型的电力测控终端设备有远程传输单元（RTU）、测控智能电子装置、保护智能电子装置、可编程逻辑控制器（PLC）、配网自动化终端（DTU）、集中器、综合监测单元、状态监测代理（CMA）
36	变电设备监测装置检验规范	变电设备在线监测装置检验规范 第 1 部分：通用检验规范	行业标准	DL/T 1432.1—2015	本系列标准包括 6 部分，变电设备在线监测装置用于变电设备如变压器、电容器、高压开关等进行状态监测，本系列标准规定了变电设备在线监测装置检测的技术条件、试验方法以及试验项目等内容
37		变电设备在线监测装置检验规范 第 2 部分：变压器油中溶解气体在线监测装置	行业标准	DL/T 1432.2—2016	

序号	技术类型	标准名称	标准类别	标准号	内容概述
38	变电设备监测装置检验规范	变电设备在线监测装置检验规范 第3部分：电容型设备及金属氧化物避雷器绝缘在线监测装置	行业标准	DL/T 1432.3—2016	本系列标准包括6部分，变电设备在线监测装置用于变电设备如变压器、电容器、高压开关等进行状态监测，本系列标准规定了变电设备在线监测装置检测的技术条件、试验方法以及试验项目等内容
39		变电设备在线监测装置检验规范 第4部分：气体绝缘金属封闭开关设备局部放电监测装置	企业标准	DL/T 1432.4—2017	
40		变电设备在线监测装置检验规范 第5部分：气体绝缘金属封闭开关设备特高频法局部放电在线监测装置	企业标准	Q/GDW 1540.5—2014	
41		变电设备在线监测装置检验规范 第6部分：变压器特高频局部放电在线监测装置	企业标准	Q/GDW 1540.6—2015	
42	互感器技术规范	互感器	国家标准	GB/T 20840	本系列标准分10部分，适用于供电测量仪表或电气保护装置使用。第1部分：通用技术要求，第2部分：电流互感器，第3部分：电磁式电压互感器，第4部分：组合互感器，第5部分：电容式电压互感器，第6部分：电流互感器暂态特性，第7部分：电子式电压互感器，第8部分：电子式电流互感器，第9部分：电子式互感器补充要求，第10部分：低功率独立式电流互感器
43		电力用电流互感器使用规范	行业标准	DL/T 725	规定了电力用电流互感器的术语和定义、使用条件、基本分类、技术要求、结构与选型要求、试验、标志、使用期限、包装、运输、贮存等内容
44		电力用电压互感器使用规范	行业标准	DL/T 726	规定了电力用电压互感器的术语和定义、使用条件、基本分类、技术要求、结构与选型要求、试验、标志、使用期限、包装、运输、贮存等内容
45	现场终端单元技术规范	远程终端单元（RTU）技术规范	国家标准	GB/T 34039—2017	规定了远程终端单元（RTU）的术语和定义，工业环境适应性及安全要求、功能要求、使用条件、基本分类、技术要求、结构与选型要求、试验、标志、使用期限、包装、运输、贮存等内容

续表

序号	技术类型	标准名称	标准类别	标准号	内 容 概 述
46	现场终端单元技术规范	电力系统同步相量测量装置通用技术条件	行业标准	DL/T 280—2012	规定了电力系统同步相量测量装置的技术要求及对标志、包装、运输、贮存的要求
47	电缆局放测量技术规范	6kV ～ 35kV 电缆振荡波局部放电测量系统	行业标准	DL/T 1575—2016	规定了 6～35kV 电缆振荡波局部放电测量系统的组成、使用条件、性能要求、检验方法、检验规则，以及标志、包装、运输、贮存
48	通信协议、接口	远动设备及系统 第 5 部分：传输规约	行业标准	DL/T 634	第 101 篇：基本远动任务配套标准 第 104 篇：采用标准传送协议子集的 IEC 60870-5-101 网络访问 适用于具有串行比特编码数据传输的远动设备和系统，用以对地理广域过程的监视和控制
49		变电站的通信网络与系统	IEC 标准	IEC 61850	规范了数据的命名、数据定义、设备行为、设备的自描述特征和通用的配置语言
50		远动通信规约	IEC 标准	IEC 60870-5	协议包含 IEC 60870-5-101、IEC 60870-5-102、IEC 60870-5-103、IEC 60870-5-04 远动通信规约

4.1.2.4 配电领域终端标准现状分析

配电侧指高压、中压、低压部分的配电线路、开关设备设施等环节，随着城市发展增速，城市框架日益扩大，配电网建设规模扩大很多倍，配电网监测设备已远远超过配电自动化的范畴，无人值守变电站、配电室、环网设备、各种 DTU、RTU、TTU 等终端装置、环境监测终端等大量应用在配电网环节。配电侧的标准化程度仍然比较低，大量标准还是配电自动化方面的，缺乏实现设备、环境、电气量和非电气量传感的技术标准。面对配电侧传感终端存在的功能和性能参差不齐、形态各异、通信方式和通信协议不统一，不能有效支撑精益化运维的业务需求，亟须建立保证配电设备的全面感知、即插即用、安全可靠和智能高效的配电侧标准体系。配电侧传感器终端标准梳理及分析见表 4-6。

表 4-6 配电侧传感器终端标准梳理及分析

序号	技术类型	标准名称	标准类别	标准号	内 容 概 述
1	电子标签技术规范	信息技术用于物品管理的射频识别 实现指南	国家标准	GB/T 36442.1—2018	规定了无源超高频 RFID 标签的选择及媒介、黏合剂、表面层、油墨选择的指南，描述了减轻静电放电保护 RFID 标签损伤的技术，给出了在搬运箱子和集装箱、托盘/单元物品及不可搬运的物品和不能用托盘装运的物品上安置和附着 RFID 标签的指南
2	配电自动化终端技术规范	配电自动化智能终端技术规范	国家标准	GB/T 35732—2017	规定了配电自动化智能终端的结构要求、技术指标、性能指标等主要技术要求。本标准适用于配电自动化智能终端的规划、设计、采购、安装调试（或改造）、检测、验收、运维工作

序号	技术类型	标准名称	标准类别	标准号	内容概述
3	配电自动化终端技术规范	配电自动化远方终端	行业标准	DL/T 721—2013	规定了配电网自动化系统远方终端的技术要求、功能规范、试验方法和检验规则等。本标准适用于配电网 10 kV 及以上各种馈线回路的远方终端和中压监控单元以及配电变压器远方终端
4		配电线路故障指示器技术规范	企业标准	Q/GDW 436—2010	规定了额定电压 3～35 kV、额定频率 50 Hz 的三相交流配电线路故障指示器（以下简称"指示器"）的分类、使用条件、技术要求、试验方法、试验分类等要求。本标准适用于配电线路中指示短路故障或接地故障线路区段的位置
5		配电自动化终端设备检测规程	企业标准	Q/GDW 1639—2014	规定了配电自动化终端设备（馈线终端、站所终端、配变终端）实验室和现场检测的检测条线、检测方法、检测项目，并给出了相关技术指标
6		配电自动化终端技术规范	企业标准	Q/GDW 11815—2018	规定了配电自动化终端的总体要求、技术要求和性能要求。本标准用于配电自动化终端的规划、设计、采购、建设（改造）、运维、验收和检测工作
7		配电自动化站所终端技术规范	企业标准	Q/CSG 1203017—2016	本标准规范了配电自动化站所终端的结构要求、技术指标、性能指标等主要技术要求，适用于中国南方电网有限责任公司范围内配电自动化站所终端的规划、设计、采购、建设、运维、验收和检测工作

4.1.2.5 用电领域终端标准现状分析

用电侧传感终端技术标准分为电能量测终端、电力能效终端、智能家居、微功率无线网络等内容的技术标准。量测终端标准随着用电信息采集系统建设正迅速完善，国家标准 GB/T 26216.1—2010《高压直流输电系统直流电流测量装置》；行业标准有 DL/T 1665—2016《数字化电能计量装置现场检测技术规范》、DL/T 1664—2016《电能计量装置现场检验规程》；企业标准有 Q/GDW 11117—2017《计量现场作业终端技术规范》，通信类标准有 Q/GDW 1376《电力用户用电信息采集系统通信协议》。同时，"三相谐波智能电能表技术规范""电动汽车非车载充电机电能计量检测规范"等相关标准在制定中。用电侧智能量测正规划新一代的智能电表，实现模组化设计、软硬件解耦、软件 App 等，相应的标准正在制定中。

电力能效监测标准已有 GB/T 31960—2015《电力能效监测系统技术规范》、GB 29872—2013《工业企业能源计量数据集中采集终端通用技术条件》等；还有部分企业标准。用电企业行业类型、技术水平、能源消耗特点等参差不齐、差别较大，同时缺乏有效的经济效率激励模式，企业能效建设并未大规模推动，电力能效标准也未有效的获得应用。

智能家居技术标准随着智能电器的推广应用获得较快发展，相应的国家标准有 GB/T 35136—2017《智能家居自动控制设备通用技术要求》、GB/T 35134—2017《物联网智能家居 设备描述方法》、GB/T 34043—2017《物联网智能家居 图形符号》，行业标准有 DL/

T 1398《智能家居系统》系列标准，智能家居设备与电网间信息交互接口的企标 Q/GDW 722—2012《智能家居设备与电网间的信息交互接口规范》。

用电侧无线网络通信技术支撑工业自动化、信息化等建设。目前国内已制定国家无线网络技术标准 GB/T 26790《工业无线网络 WIA 规范》。智能家居领域，制定了 2 个行业标准 DL/T 1398.41—2014《智能家居系统 第 4-1 部分 通信协议-服务中心主站与家庭能源网关通信》、DL/T 1398.42—2014《智能家居系统 第 4-2 部分 通信协议-家庭能源网关下行通信》，以及完成了 1 项通信协议的企业标准 Q/GDW 723—2012《智能家居设备通信协议》。用电侧传感器终端标准梳理及分析见表 4-7。

表 4-7 用电侧传感器终端标准梳理及分析

序号	技术类型	标准名称	标准类别	标准号	内容概述
1	电能量测终端标准	高压直流输电系统直流电流测量装置	国家标准	GB/T 26216.1—2010	规定了±800kV 及其以下电压等级直流输电用电子式直流电流测量装置的额定值、设计与结构和试验等方面的内容。本标准适用于安装在±800kV 及以下电压等级直流输电系统直流极母线、双十二脉动换流阀组中点（如果适用）母线及中性母线的电子式直流电流测量装置
2		电能计量装置现场检验规程	行业标准	DL/T 1664—2016	规范了电能计量装置的性能要求、检验要求、检验方法及检验结果的处理进行了规范
3		数字化电能计量装置现场检测技术规范	行业标准	DL/T 1665—2016	规定了数字化电能计量装置现场检测的计量性能要求、检测设备与条件、检测内容及方法、检测结果处理与判定、检测周期
4		计量现场作业终端技术规范	企业标准	Q/GDW 11117—2017	规定了计量现场手持设备的机械性能、适应环境、功能、电气性能、抗干扰、安全性及可靠性等技术要求，以及试验方法和管理系统的接口协议。适用于国家电网有限公司计量现场手持设备的设计、制造、检验、使用和验收
5		电力用户用电信息采集系统通信协议	企业标准	Q/GDW 1376	本系列标准分为三部分，第 1 部分：主站与采集终端通信协议，第 2 部分：集中器本地通信模块接口协议，第 3 部分：采集终端远程通信模块接口协议。标准规范了终端远程通信的行数据传输的帧格式、数据编码及传输规则
6		厂站电能量采集终端技术规范	企业标准	Q/CSG 11109001—2013	本标准适用于中国南方电网有限责任公司厂站电能量采集终端（以下简称"厂站终端"）的招标、验收等工作，包括技术指标、功能要求、机械性能、电气性能、适应环境、抗干扰及可靠性等方面的技术要求以及验收等要求
7		计量自动化终端上行通信规约	企业标准	Q/CSG 11109004—2013	通信规约适用于计量终端与主站进行点对点的或一主多从的数据交换方式，规范了设备之间的物联连接、通信链路及应用技术规范
8		配变监测计量终端技术规范	企业标准	Q/CSG 11109007—2013	本标准规范了配变监测计量终端的结构要求、技术指标、性能指标等主要技术要求，适用于配变监测计量终端的规划、设计、采购、建设、运维、验收和检测工作

序号	技术类型	标准名称	标准类别	标准号	内 容 概 述
9	电能量测终端标准	计量自动化终端外形结构规范	企业标准	Q/CSG 11109006—2013	本标准规范了计量终端的外形、结构、材料、尺寸等，适用于计量终端的设计、生产和检测等
10	电力能效终端	电力能效监测系统技术规范	国家标准	GB/T 31960—2015	本系列标准分为13项，规定了企业能效采集终端、集中器、主站等设备和网络的技术要求、通信协议等。第1部分：总则，第2部分：主站功能，第3部分：通信协议，第4部分：子站功能设计，第5部分：主站设计导则，第6部分：电力能效信息集中与交互终端技术条件，第7部分：电力能效监测终端技术条件，第8部分：安全防护规范，第9部分：系统检验规范，第10部分：电力能效监测终端检验，第11部分：电力能效信息集中于交互终端，第12部分：建设规范，第13部分：现场手持设备技术规范
11		工业企业能源计量数据集中采集终端通用技术条件	国家标准	GB 29872—2013	规定了工业企业能源计量数据集中采集终端（以下简称"数据集中采集终端"）的技术要求、验收方法和验收规则。本标准适用于安装在工业企业，通过内部网络与能源计量仪表连接，获取各种能源的计量数据，完成数据累计、存储，并与能源计量数据公共平台中的能源数据中心进行数据交换的数据集中采集终端
12		负荷管理终端技术规范	企业标准	Q/CSG 11109002—2013	适用于中国南方电网有限责任公司负荷管理终端（以下简称"终端"）的招标、验收等工作，它包括技术指标、功能要求、机械性能、电气性能、适应环境、抗干扰及可靠性等方面的技术要求以及验收等要求
13	智能家居	智能家居自动控制设备通用技术要求	国家标准	GB/T 35136—2017	规定了家庭自动化系统中家用电子设备自主协同工作所涉及的术语和定义、缩略语、通信要求、设备要求、控制要求和安全要求等。本标准适用于智能家居电子设备的自动控制要求
14		物联网智能家居设备描述方法	国家标准	GB/T 35134—2017	规定了物联网智能家居设备的描述方法、描述文件的格式要求、功能对象类型、描述文件元素的定义域和编码、描述文件的使用流程和功能对象数据结构。本标准适用于智能家居系统中的所有家居设备，包括家用电器、照明系统、水电气热计量表、安全及报警系统和计算机信息设备、通信设备等
15		物联网智能家居图形符号	国家标准	GB/T 34043—2017	规定了物联网智能家居系统图形符号分类以及系统中智能家用电器类、安防监控类、环境监测类、公共服务类、网络设备类、影音娱乐类、通信协议类的图形符号

序号	技术类型	标准名称	标准类别	标准号	内 容 概 述
16	智能家居	智能家居系统	行业标准	DL/T 1398	本系列标准分为 3 部分,第 1 部分:总则,第 2 部分 功能规范,第 3-1 部分:家庭能源网关技术规范,第 3-2 部分:智能交互终端技术规范,第 3-3 部分:智能插座技术规范,第 3-4 部分:家电监控模块技术规范,第 4-1 部分:通信协议-主站与网关通信,第 4-2 部分:通信协议-家庭能源网关下行通信。规定了智能家居系统架构和智能家居系统标准构成,适用于智能家居系统的设计、使用和检验
17		智能家居设备与电网间的信息交互接口规范	企业标准	Q/GDW 722—2012	规定了智能家居设备与电网连接间信息交互参考模型与分层结构、信息交互内容、应用层接口协议及安全等,用以指导智能家居设备与电网间的信息交互接口的设计及开发
18	微功率无线网络	工业无线网络WIA 规范	国家标准	GB/T 26790	本系列规范分为 8 部分,规定了 WIA 系统结构与通信、协议一致性测试、互操作测试、产品通用条件和规范。详细内容:第 1、第 2 部分:用于过程自动化和工厂自动化的系统结构和通信规范、第 3、第 4 部分:WIA-PA 协议一致性测试;第 5、第 6 部分:WIA-PA 互操作测试规范;第 7、第 8 部分:WIA 通用要求和总体规范

4.2 电力传感器评价技术现状分析

4.2.1 电力领域传感器的应用

电力传感技术获得很大发展,功能不断丰富、性能不断增强,针对不同业务测量需求,形成了多种类系列化感知终端。感知终端包括微型传感器、量测装置、采集终端、监测装置、电子标签等,实现能源互联网的状态感知、量值传递、环境监测、行为追踪,对长寿命、微型化、高可靠等技术指标具有较高要求。

按照发、输、变、配、用电力系统链条梳理出各环节电力传感器电气量、环境量、物理量、空间量、行为量五大类 134 种主要感知终端,指导感知层建设,实现电网状态全面感知、精准量测、智能决策控制。与电力传感器对应的传感器技术标准形成了国标、行标、团标、企业标准等系列,针对传感器应用场景的需求,从传感器的环境应用要求、可靠性要求、专用技术指标和功能等方面提出详细的指标,确保传感器的质量和性能。

4.2.2 传感器的质量评价技术

传感器质量和技术水平既影响传感器的选择和使用,更直接决定系统的功能和质量,因而正确评价传感器的质量非常关键。传感器技术是依检测对象而技术各异的独立、专门的技术,且传感器品种繁多,涉及的技术广泛,要全面评价传感器的质量好坏也比较困难。

目前传感器的质量和性能通常可概括为四类指标：基本参数指标、环境参数指标、可靠性指标和其他使用相关指标。

（1）基本参数指标。这是与传感器自身性能关联的指标，诸如量程指标、灵敏度指标、精度指标、动态性能指标等。

1）量程指标：量程范围、过载能力等。

2）灵敏度指标：灵敏度、满量程输出、分辨力、输入输出阻抗等。

3）精度指标：精度（误差）、重复性、线性、滞后、灵敏度误差、阈值、稳定性、漂移等。

4）动态性能指标：固有频率、阻尼系数、频响范围、频率特性、时间常数、上升时间、响应时间、过冲量、衰减率、稳态误差、临界速度、临界频率等。

（2）环境参数指标。这类指标与传感器的环境适应能力相关，确保传感器的可靠运行。

1）温度指标：工作温度范围、温度误差、温度漂移、灵敏度温度系数、热滞后等。

2）抗冲振指标：各向冲振容许频率、振幅值、加速度、冲振引起的误差等。

3）其他环境参数：抗潮湿、抗介质腐蚀、抗电磁场干扰能力等。

（3）可靠性指标。反映传感器的整体运行性能，通常用工作寿命、可靠度、平均无故障时间、保险期、疲劳性能、绝缘电阻、耐压、抗弧性能等描述。

（4）其他指标。与传感器的应用对象、传感器外部连接、应用便捷性等相关。

1）使用方面：供电方式（直流、交流、频率、波形等）、电压幅度与稳定度、功耗、各项分布参数等。

2）结构方面：外形尺寸、重量、外壳、材质、结构特点等。

3）安装连接方面：安装方式、馈线、电缆等。

目前传感器的质量和性能评价通过上述四方面指标来描述，首先是每种传感器的基本参数指标、环境参数指标、可靠性指标，再者是传感器具体的结构、功能和适用场合。所以传感器及其电力终端的标准基本上是从这些方面规定和约束，通过相应的试验和检测评价传感器的质量。

4.2.3 传感器评价技术发展

随着科学技术的发展，各行各业对传感器的质量要求越来越高。今后传感器发展的总趋势是智能化、网络化、微型化、多功能、低功耗、无线传输、便携式，传感器领域的评价技术将在现有基础上予以延伸和提高。未来传感器质量评价，也会增添许多新的内容。诸如智能化程度、集成化程度等。传感器质量评价方法除考虑传感器的性能指标和应用外，还应该从更广阔的范围来评价传感器的质量。未来的传感器质量评价方法尚有待继续研究和探索。

无论将来对传感器的质量评价如何拓展和延伸，最终取决因素在于现场传感器的应用成效。这里给出传感器现场应用判断的几项原则。

1. 快速、准确、可靠、经济

传感器作为测量与控制系统的首要环节，通常都必须具有快速、准确、可靠而又经济地实现信息转换的基本要求。即：

1）足够的容量。传感器的工作范围或量程足够大，具有一定的过载能力。

2）与测量或控制系统匹配性好，转换灵敏度高。传感器的输出与被测输入成确定（线性）关系，且比值大。

3）精度适当，稳定性高。传感器的静态响应与动态响应的准确度能满足要求，且长期稳定。

4）反应速度快，工作稳定性好。

5）适用性与适应性强。动作能量小，对被测对象状态影响小，内部噪声小而又不受外界干扰的影响，使用安全。

6）使用经济。成本低，寿命长。且易于使用、维修和校准。

2. 与使用场景密切结合原则

对所使用的传感器，必须根据使用目的、使用环境、被测对象情况、精度要求和信号处理等具体条件来选择和评价。比如输电线路场景应用的传感器，其环境条件十分恶劣。因此，需要这类传感器具有耐高温、防潮、耐振动、抗干扰和高可靠等特点，可以说对这方面的质量要求非常高。在"输电线路"这一特定场合中，某种传感器首先只有在这里能用，然后才能谈及评价其质量好坏。

3. 器件的静态特性和动态特性是高精度传感器重要指标

一般对于高精度传感器，有关动态特性和静态特性方面的性能指标对其质量评价很关键。因为使用时要求高精度传感器必须具有良好的动态特性和静态特性，才能完成对信号无失真的转换。

第 5 章
电力传感业务应用现状及技术需求分析

5.1 发电领域

发电领域传感监测主要围绕发电设备，如各类电机中的定转子温度、转速和振动情况等。传统针对发电领域机械运动量及电磁量的传感器发展已较为成熟，但随着发电规模的扩大以及智能电网的发展，对发电领域传感器有了更高的要求。希望其具备高精度、高灵敏度的同时还能满足智能诊断的要求，因此，采用光纤光学原理制作的传感器也被逐渐用于发电领域的监测中来。

5.1.1 电气量传感器

5.1.1.1 业务应用现状

在发电领域广泛用到的电气量传感器包括电流传感器和电压传感器。目前国内市场上，用于发电领域的互感器，近 90% 以上仍是传统的电磁式互感器产品。电流传感器用途广泛，主要应用于变频器、DC/DC 变换器、电机控制器、不间断电源、开关电源、过程控制和电池管理系统等产品，涉及传统工业、风能和太阳能等新能源各个领域。基于电磁感应、分压分流、霍尔效应等原理的电学参量测量装置，在高电压大电流测量方面，普遍存在安全性、可靠性差，绝缘结构复杂，不能同时兼顾高精度、大动态范围和宽频域的测量等特点，这些不足以使传统电磁式测量装置成为制约发电领域状态检测和故障诊断的技术瓶颈。

5.1.1.2 技术需求分析

随着发电规模的增大，传统电磁式互感器已难以满足新一代发电领域状态检测、故障诊断、在线监测等发展的需要。而且随着智能电网发展，对发电领域的电流传感器也提出了更高的要求，降低体积及重量、克服传统互感器的电磁干扰和磁饱和问题、更好地动态响应及智能诊断等，相应的电子式及光纤互感器成为研究的重点。

此外，应用于发电领域的电压传感器，同应用于电力系统其他领域的电压传感器相同，其主流发展趋势都是传感准确化、传输光纤化和输出数字化，主要就是光学电压互感器的应用。光学电压互感器基于全新的测量原理，在集成一体化、智能化、安全性、可靠性方面具有突出的优势，在未来的智能电网建设中具有广阔的应用空间。

5.1.2 状态量传感器

5.1.2.1 业务应用现状

在发电领域广泛用到的状态量传感器主要包括转速传感器和振动传感器。其中转速传感器包括磁电式转速传感器、磁敏式转速传感器和速度解码器等，振动传感器分为磁电型、电涡流型、压电型等。基于以上原理的机械及运动量等参量测量装置，在发电机参量测量方面，普遍存在可靠性差，绝缘结构复杂，工作环境恶劣等特点，而且对于其中的振动传感器，存在难以同时兼顾高精度、大范围和宽频域的测量等特点。除此之外，不同类型的传感器还有各自的缺点，比如磁电式振动传感器活动部件易损坏，低频响应不好。一般速度传感器在 10Hz 以下，将产生较大的振幅和相位误差。电涡流振动传感器，当测量振动物体材料不同时，影响传感器线性范围和灵敏度，需要重新标定。压电式振动传感器，其安装方法和导线敷设方式，对测量结果有较大的影响，特别是对汽轮发电机来说，其工作频率范围显得太高，标定困难。

5.1.2.2 技术需求分析

随着智能电网发展，对传感器提出了更高的要求，实现高精度、大范围和宽频域测量的同时须满足智能诊断需求，相应的数字式速度、振动传感器成为研究的重点。对于发电机参量的检测，主要是为了进行状态检测以及故障诊断，虽然以上介绍的速度、振动传感器仍然存在诸多缺点，但这些缺点不是制约诸多发电机状态检测以及故障诊断的技术瓶颈。为了更好地进行状态检测以及故障诊断，其中较重要的发电机振动技术发展的主要趋势如下：

（1）采用有限元分析法，建立发电机组的有限元模型，进行模态分析，得到其振型及频率，在设计时主动避开现场振源频率，避免共振。

（2）基于多场耦合的发电机振动研究，得到转动部件在空气或水中的模态和频率，应用动态断裂力学预测零部件的疲劳破坏。

（3）将振动测试与故障诊断有机结合在一起，确保设备运行安全、可靠。

5.1.3 光纤光学传感器

5.1.3.1 业务应用现状

早在 2000 年，德国西门子公司就采用光纤光栅传感器对发电机中的定子和引线进行了温度测量，之后便打开了利用光纤传感器对电机温度进行测量的大门。紧接着，参考航天飞船机翼光纤光栅监测的研究经验，将光纤光栅应变传感器粘贴在风机叶片不同位置，测量叶片旋转情况下不同位置的弯矩变化，进而评估叶片的安全可靠性，研究人员还对光纤光栅叶片监测系统的设计、布置和参数选择提出了有益的建议。目前该技术已经在欧洲部分风力发电场推广使用，具有良好的前景。

除了上述说到的利用光纤传感器进行温度应变的测量，考虑到大型汽轮机的全部级都在湿蒸汽状态下工作，湿蒸汽中大量水滴运动，撞击汽轮机叶片，甚至引发叶片断裂事故。浙江大学的盛德仁等在理论推导测量湿度模型的研究基础上，利用涂敷湿膨胀材料技术,将测量湿度的问题转换为微应变测量,利用光纤光栅传感器灵敏度高、抗电磁干扰以及准分布测量的优点获得了汽轮机中湿蒸汽中湿度的分布规律,这一技术尚无用于市场的案例。

5.1.3.2 技术需求分析

光纤光栅发电机电极温度监测已经逐渐进入到实际应用阶段,但在应用过程中需要考虑光纤光栅埋入的成活率。为实现温度的分布式测量,同时减少光纤引线,光纤光栅在埋入电机过程中通常采用串联方式,如果一个光纤光栅损坏,那么从这个光纤光栅开始到远端的所有光纤光栅温度传感器都将无法工作,因此光纤光栅的埋入方式是下一步需要研究的主要内容。

相比于温度和振动应变测量,利用光纤光栅进行其他状态量的监测具有一定的难度,因此发电机风冷系统气流速度以及汽轮机中湿蒸汽中湿度两项研究目前还处于试验研制阶段,在大范围的推广使用之前还需要对传感器的可靠性、重复性、灵敏度以及安装方式等问题进行深入探索。

在电机监测领域,温度监测的问题目前已经基本解决,未来的研究应主要侧重于电机振动测量方面。对于应变测量来说,如果传感器使用黏结剂安装方式,在长期振动环境下,黏结剂可能出现疲劳导致长期可靠性下降,下一步的研究应着力于改进光纤布喇格光栅传感器安装方式,采用点焊等方式提高传感器的长期运行稳定性。

5.2 输电领域

输电领域传感监测主要围绕输电线路及输电杆塔展开,针对输电线路的舞动拉力、弧垂和覆冰情况,以及杆塔倾斜等,利用传统机械运动量传感器和光纤光学传感器进行在线感知与测量。此外,时有发生的局部放电现象也会影响输电线路的正常运行,电容耦合传感器、压电传感器或高频电流传感器凭借各自不同的特点,在不同工况下都得到了广泛的应用。

5.2.1 状态量传感器

5.2.1.1 业务应用现状

输电领域里进行机械及运动量测量的传感器主要包括舞动拉力传感器、导线弧垂在线监测、覆冰压力传感器等。这类物理量监测手段相似,一般为压电式力传感器、光学图像监控或光纤应变传感器。压电式力传感器多采用压电晶片制成,对拉力或压力进行直接测量。而基于图像监控的输电线路覆冰监测系统则历史较长,技术成熟,价格适中,其采用图像监控器拍摄输电线路的覆冰情况,然后借助网络将拍摄的图片传输到监测变电站内,最后在监控计算机上通过图像处理的方法获得输电线路覆冰厚度。

5.2.1.2 技术需求分析

首先,利用图像监控的传感器精度较低,只能用于输电线路相关监测量的定性分析;其次,当镜头被覆盖时,获得的图像质量很差;最后,采用图像监控的传感技术往往采用无线传输的方式，传输速度受限，不能实现及时远程视频监控。而采用光纤进行输电线路机械及运动量测量精度较高，抗干扰能力强，是较为理想的监测手段，今后的主要研究重点是面向架空输电线路导线、OPGW 地线等长距离应用场景，研究超长距离的分布式应力应变、加速度等状态监测技术，在状态监测数据基础上开展输电线路覆冰状态监测、线路舞动、受激振动以及线路障碍、线路设备缺陷等输电线路监测工作。

5.2.2　光纤光学传感器

5.2.2.1　业务应用现状

在输电领域，利用光纤光学传感器主要进行温度、应变、杆塔倾斜等方面的测量，目前在四个细分技术领域得到广泛关注，分别为光学晶体传感技术、光纤光栅传感技术、分布式光纤传感技术及光学图像传感技术。输电领域主要是光学图像传感技术。基于光学图像传感技术的传感器具有重要的特性，如电磁抗扰性、电气隔离、非接触、宽动态范围和多路复用功能，并且结构紧凑、重量轻，可在恶劣条件下正常工作，包括高振动、极热、噪声、潮湿、腐蚀性或爆炸性环境，还能和其他器件结合，实现输电领域的全线监测。

而在光纤传感技术方面，有不少学者和公司将光纤光栅传感器粘贴在导线表面，测量舞动情况下的导线应变，进而获得导线舞动频率，将光纤光栅传感器带入了导线舞动监测领域。利用同样的思路，将光纤光栅传感器用于导线覆冰压力检测，实现了利用一根光纤对上百公里范围内线路的分布式监测和预警。此外，由于覆冰、暴雨等原因可能导致输电线路杆塔倾斜，目前也将光纤传感技术用于输电线路杆塔监测，通过设计应变传感器布置方案，对解调系统和组网方式进行研究。国网富达科技发展有限责任公司应用光纤布喇格光栅应变传感器进行了部分杆塔的倾斜测量，对传感器的安装方式和可靠性进行了试验。

5.2.2.2　技术需求分析

随着技术的发展，利用光纤光栅技术将可以实现对导线温度、环境静态和动态荷载的实时测量，达到对动态增容、导线覆冰、导线舞动等输电线路状态监测的目的。在这一过程中，需要研制开发污秽传感器、舞动传感器等新型测量仪器。此外，由于输电线路距离多为数十千米至上百千米，如何防止引入大量的传感器导致的末端返回光强过低，部分传感器无法正常工作的情况，以及如何优选传感器类型、传感器安装位置和组网方式，组建合理可靠的光网是亟待解决的问题。

在输电线路监测领域，FBG 用于输电线路导线温度、覆冰监测等方面的研究已比较成熟。现有导线舞动测量方法还只能测量导线舞动频率，不能准确获得导线舞动振幅和轨迹，因此下一步应研究微体积光纤光栅加速度传感器，记录导线舞动时的加速度情况，根据测量数据获得导线舞动的关键参数。

最后，相比其他领域的监测，光纤光栅输电线路在线监测面临监测距离长的问题，因此在未来的研究中，应研究光纤光栅传感器的布置和复用方式，减少光纤连接时的损耗，同时提高光纤光栅解调仪的输出功率，以进一步扩大监测范围。同时，针对电力电缆场景的状态监测，探索基于光纤的多参量共纤同步检测技术，解决电力电缆本体温度、局放、电磁场、电应力等参量的一体化监测问题。

5.2.3 局部放电检测传感器

5.2.3.1 业务应用现状

针对输电线路的局部放电检测，市场上常用的检测方法包括超高频法、差分法、超声波法和高频电流法。使用的方法不同，所用到的传感器类型也不同，主要集中在电容耦合传感器、压电传感器以及高频电流传感器等。电容耦合传感器一般用在差分法检测中，其将两个电容耦合传感器分别放置于电缆两端的屏蔽层上，再将两个电容传感器用一个测量阻抗连接构成回路，从局部放电产生的信号中耦合能量并直接得到电信号进行测量观察。压电传感器一般使用压电晶片作为试验传感器，分析电缆的绝缘状态。高频电流传感器一般检测带宽频段为 $100kHz \sim 20MHz$，在电缆、变压器、开关柜等都得到广泛使用，其利用电感或电容耦合器进行耦合，对脉冲电流产生的电磁信号进行检测。

5.2.3.2 技术需求分析

利用电容耦合传感器的差分法简单易行，危险性较低，方便局部放电的检测，然而该方法在高频信号中衰减程度大，灵敏度低。超声波法所受外界干扰影响小，操作简单，但该方法使用到的压电传感器精确度不高，且不适合用于表面粗糙的设备。利用高频电流传感器的高频电流法操作简单，仪器安装简便，容易携带，抗干扰能力强，也得到了较为广泛的使用。但其复用性较差，针对长距离线路不能实现分布式监测。

5.3 变电领域

变电领域传感监测主要围绕变压器展开，除了针对线路中电压电流等电磁量的测量和局部放电现象的检测，还包括变压器内部的流速、压力、温度等物理量的测量，以及绕组变形、油中气体溶解等现象的在线监测。尽管待测量任务众多，但得益于光纤光学感知技术的发展，上述监测任务均可采用光纤光学类传感器实现。

5.3.1 电气量传感器

5.3.1.1 业务应用现状

变电领域常用的电气量传感器包括电流传感器和电压传感器。电流传感器包括电磁感应式电流互感器、全光纤电流传感器、磁光玻璃电流传感器、霍尔型电流传感器、罗氏线圈型电流传感器等，目前国内市场上近 90% 以上的互感器仍是常规电磁式互感器产品，随着电网规模的增大和电压等级的提高，这种互感器显示出越来越多的不足，例如：绝缘要求比较复杂，从而导致体积大，造价高，维护工作量大。新型电流传感器成为发展趋势，例如：全光纤电流互感器从 2008 年开始应用，目前已经在很多变电站成功应用。

最早在变电领域使用并且目前仍占有重要市场份额的电压传感器是传统的电磁感应式电流互感器和分压型电压传感器，随着变电站规模的增大和变电电压等级的提高，这种互感器显示出越来越多的、与电流传感器相同的不足。传统电压传感器已难以满足新一代电力系统在线检测等发展的需要，因此，我国在大力发展智能电网事业之时，也在寻求更理想的、更适合变电领域特点的新型电压传感器。2010 年，北京航天时代光电公司在国内率先研制成功基于泡克尔斯效应的光学电压互感器并通过型式试验，并在多个变电站实现工程应用。

5.3.1.2 技术需求分析

目前国内市场上用于变电领域的互感器近 90% 以上的仍是常规电磁式互感器产品，对新型传感器应用总量不多，互感器应向着数字智能化、降低体积、更好的动态响应及范围发展。对于应用于变电领域的新型电气量传感器，其攻关方向主要包含以下四方面：

（1）产业发展规范化建设。例如：光纤电压传感器的生产过程与电学原理的传统电压互感器生产过程不同，需要打造产品的设计、生产及工程应用的完整技术规范体系与行业标准。

（2）智能化。电力技术发展是向数字智能化输电设备方向进步，新型传感器也需要实现智能化，与之配合。

（3）运行维护管理规范化。新型电气量传感器由于制作原理和封装方式的不同，以往的管理规范已经不能完全适用，需要形成新型传感器的一系列运行管理方面的指导文件。

（4）高性能。变电领域中的电力设备是电力系统中的关键设备，对其电磁量进行监测尤为重要。新型电气量传感器在具有更好的动态响应能力的同时，体积小、重量轻也是其未来的发展方向。

5.3.2 光纤光学传感器

5.3.2.1 业务应用现状

变电领域采用光纤光学传感器主要用于绕组光纤测温、绕组光纤变形测量等，除此之外，利用光纤传感器进行电力设备内部压力、漏磁、超声和流速等参量的测量也在逐渐展开。利用光纤进行绕组温度检测技术一般有三种：一是在光纤末端加入荧光物质，经过一定波长的光激励后，荧光物质受激辐射出荧光能量并逐渐衰减，通过对衰减时间的测量，即可计算出测量点处的温度值；二是将半导体加入光纤的末端，当光源发出多重波长的光照射半导体时，其会在不同温度条件下将吸收特定波长的光，并将其余波长的光反射回去，通过对反射光的频谱的检查，换算出测量点的温度值；三是利用光纤光栅传感器进行温度测量，该类传感器封装简单，信号衰减小，可以实现长距离测点集中监控。同时其既可以实现点监测，也可以实现多点式分布测量，已受到广泛使用。此外，当光纤发生形变时，其中心波长及反射光频谱都会发生变化，利用光纤实现绕组变形监测则是利用绕组变形时，紧贴在绕组上的光纤会发生微弯，通过监测光纤应变程度得到绕组变形情况，这一技术也相对比较成熟，得到了较为广泛的应用。

此外，在变电领域，光纤传感器也被用于变压器油中氢气测量，将聚酰亚胺作为增敏介质，提高了传感器的可靠性，同时通过使用磁控溅射技术使钯金属涂覆均匀，提高了传感器的灵敏度。这种传感器可以分布式的布置于变压器本体内，克服了现有变压器油中溶解气体分析测量系统反映时间慢、不能对故障定位的缺点，是变压器 FBG 监测未来的研究方向之一。同时，基于波分时分复用技术的多点光纤光栅变压器局放超声定位技术也得到了发展，通过波分复用技术，实现了 FBG 传感器位置的识别；通过时分复用技术，解决了仅靠单个 FBG 难以满足变压器内局放超声信号全范围检测的难题。这一技术实现了变压器有种局放超声信号的准分布式测量以及放电源的定位。

5.3.2.2 技术需求分析

利用光纤光学传感技术进行变电领域相关参量的测量已得到了相应的使用，但仍存在一些不足。在利用光纤进行绕组温度测量时，光强的不稳定往往会影响测量的准确性，这也是所有利用光强调制法制成的传感器所共同存在的问题。此外，变电领域设备类型复杂多样，内部空间狭窄，利用光纤光学传感器进行测量时要综合考虑各类因素对测量准确性的影响，同时，所使用的增敏元件要避免对电力设备内部物理场造成干扰，这都是光纤光学传感器用于变电领域需要解决的问题。

最后，光纤布拉格光栅具有绝缘特性好、抗电磁干扰、可进行准分布式测量等优点，可直接放入变压器中，实现对监测量的准确测量与定位。但目前，除热点温度测量外，变压器的其他特征量如局部放电、油色谱分析、绕组变形等的成熟产品较少，没有相应的传感器和检测系统，没有充分发挥 FBG 分布式、波分复用的优点，导致监测成本较高。

5.3.3 局部放电检测传感器

5.3.3.1 业务应用现状

目前，变电设备局部放电检测方法大致可分为五种，但从现阶段现场实际应用的角度考虑，仅有超/特高频法和声波法是较为实用的方法。声波法是一种对电力设备很重要的非破坏性局部放电在线检测手段。相比于电测法，其具有很强的抗电磁干扰能力。此外，由于声波传播速度远小于电磁波速度，利用超声信号能够对局部放电进行准确定位。因此，声波法十分适用于现场电力设备局部放电检测。传统的局部放电声波法检测主要是使用压电陶瓷传感器，紧贴于设备外部对局部放电产生的声波进行检测传统的局部放电检测。这种方法操作简便，技术成熟。近年来，光纤声波传感器也开始受到广泛关注。相比于 PZT 传感器，光纤声波传感器具有绝缘性能好、抗电磁干扰性能优异、复用性能好等优势，得以逐渐取代传统的 PZT 传感器用于感知声信号。

5.3.3.2 技术需求分析

压电陶瓷传感器通过同轴电缆与信号采集装置连接，测量过程中对于外界强电磁环境的干扰很难完全避开；且灵敏度较低，难以满足电力系统局部放电超声检测需求；此外，压电陶瓷传感器复用性差，一个传感器需要对应配置一套检测、解调模块以区分各个传感器检测到的信号，故多点同步检测时布线复杂，成本较高。同样，由于局部放电产生的声信号幅值小，频率高，波长短，安装条件更为苛刻，目前的光纤超声传感器的性能仍无法满足使用要求。但随着许多物理机理和科学技术问题的逐渐突破，再加上光纤结构的多样化，以及日新月异的光电子技术，为光纤局部放电超声传感器的研制提供了创新空间。

5.4 配电领域

配电领域包括从降压配电变电站（高压配电变电站）出口到用户端这一段，测量对象以配电变压器为主，待测量包括电路中电压、电流及磁场，以及变压器内温度、压力等参量。所用的传感器类型及使用原理与变电领域类似，差别只是在于由于电压等级的不同，相应地传感器量程有所差异。

5.4.1 电气量传感器

5.4.1.1 业务应用现状

配电领域电气量传感器主要包括电流/电压传感器和磁场传感器。电流传感器和电压传感器只是原理不同，电力行业中最早使用并且目前仍占有重要市场份额的是电流传感器和电压传感器。现在新型电流/电压传感器的市场占比还比较少，其主要攻关方向为：优化设计与工艺、多功能测量技术以及向数字智能化设备方向发展。磁场传感器应用最多的为磁通门计传感器，精度高，最高可达 1ppm，可测量电流范围广，从几微安到几千安，性能优越，主要用于精密测量场合，这种类型传感器较昂贵并且很脆弱，在使用中一旦未给传感器供电情况下，通有被测电流，会造成传感器损坏。国外厂家以瑞士 LEM 为代表，占据大部分市场份额，国内一些厂家，如湖南银河电气可生产"零磁通调制"的磁通门传感器，可达到 800kHz 带宽，精度 1ppm，零漂 2ppm，温漂 0.1ppm/K，时漂 0.2ppm/month，噪声 10ppm。当前尚无行业标准或国家标准。

5.4.1.2 技术需求分析

随着智能电网的建设，以及电力企业对电力互联网、泛在电力物联网、透明电网的规划，对配电领域电气量传感器的要求逐步聚焦在以下几点：

（1）高灵敏度。被检测信号的强度越来越弱，需要传感器灵敏度得到极大提高，传感器精度最低 0.5 级，目标 0.1 级。

（2）温度稳定性。更多的应用领域要求传感器的工作环境越来越严酷，传感器必须具有很好的温度稳定性。

（3）抗干扰性。很多应用场景没有任何屏蔽，要求传感器本身具有很好的抗干扰性。

（4）微型化、集成化、智能化。需要芯片级的集成，模块级集成，产品级集成。

（5）高频特性。随着应用领域的推广，要求传感器的工作频率越来越高。

（6）低功耗。很多领域要求传感器本身的功耗极低，得以延长传感器的使用寿命。

5.4.2 光纤光学传感器

5.4.2.1 业务应用现状

配电领域中，经常将光纤传感技术用于温度、压力等测量。利用光的散射效应、波长调制等光学特征所制备的光纤传感器，通过光纤对各种特征量进行测量，目前光纤传感器还未完全成熟，市场应用占比较少。目前市场上获得成熟应用并且接受度较高的产品有：光纤光栅温度/压力/应变传感器、点式荧光光纤温度传感器产品、点式光纤 F－P 压力/温度/振动传感产品、光纤电流传感产品、光纤陀螺产品、分布式光纤拉曼测温系统、激光扫描仪、数码相机、红外热像仪等。这类传感器技术已相对成熟，也有较多使用先例。

5.4.2.2　技术需求分析

电力设备所处环境复杂，传统光纤光栅的增敏手段是利用对温度或应变敏感的材料，如聚合物或者金属，这些材料用于电力设备内部会产生一些影响传感器或电力设备正常工作的问题，这都限制了光纤光栅传感器在电力行业中的大规模应用。此外，光纤传感器在研究过程中很多元件都是线性理想化的，和实际应用存在一定的差距，因此，光通道中的非线性研究、抗干扰研究、保证实际检测动态范围的增大是实际应用中难以回避的问题。

5.5　用电领域

用于用电领域的传感器主要包括与用户侧直接相关的电能表，随着物联网与大数据的发展，智能电能表与断路器的应用也逐渐广泛。同时，充电桩作为新能源汽车的重要基础设施，如何对其性能进行准确高效的监测也成为用电领域传感器所关注的问题。

5.5.1　智能电能表

5.5.1.1　业务应用现状

智能电能表的应用最为广泛，目前智能电表基础设施在许多领先市场达到饱和，用于需求响应的传感器会成为智能传感器的第二大应用市场，此外，用于检测控制和数据采集、线索管理、能源存储和可再生能源的智能传感器应用也会迎来飞速增长。

5.5.1.2　技术需求现状

目前智能电能表电流传感器的应用中，主要有两大问题：一是锰铜过载发热，易引发安全隐患；二是铁芯互感器直流饱和，存在"跑冒滴漏"漏洞。国家电网有限公司即将引入的 IR46 新技术规范，对精度、量程、法制计量等方面有较大改动，预计会带来电流传感器的技术升级和产品结构变化，市场即将进入变革期。目前来看，TMR 电流传感器因其精度高、易于集成等特点，将成为用电侧应用的发展趋势。

5.5.2　微型智能断路器

5.5.2.1　业务应用现状

对于现代需求的提升，传统断路器功能上逐渐无法满足日常生活中对用电安全的需求，智能断路器在传统断路器配电设备上进行升级，通过物联网技术实现对配电设备的运行数据进行处理，设备状态、预警、报警等智能化用电管理。集合传统断路器的功能于一身，升级为智能型断路器，电流、电压、用电量等数据信息用电平台实现断路器的智能化控制。

智能微型断路器是一款可以进行远程控制分合闸的断路器，能提供更及时的超额用电保护和电气火灾分析预警和报警，实现电压、电流、漏电流、温度、用电量以及各种用电故障报警信息的实时采集，并通过云平台进行统计比对、大数据分析等。

5.5.2.2 技术需求分析

根据微型智能断路器的结构、功能，微型智能断路器的发展趋势主要分为以下四个方面。

（1）信号采集：断路器在正常运行和动作时，必然伴随着各种物理量的变化，如热量、力、振动、位移、电气量等的变化。为了更好地检测装置的工作状态，需要根据应用场景选择合适的、更多的物理量进行检测。

（2）信号加工：采集到的信号是原始信号，原始信号可能含有干扰，原始信号可能不是反映工作状态的最本质的量，从原始信号中提取本征量，对信号中的噪声和干扰进行过滤。所以为了获得更准确、更可靠的物理量信息，需要在信号加工方面取得更好的进步。

（3）状态识别：目前对于断路器的状态识别，更多地依赖于人类对这种专业知识的了解，所以，为了更好地体现智能，需要对于智能系统的自学习、自完善能力加以改进。

（4）诊断决策：根据断路器实际运行状态，决定对当前断路器采取何种动作，这需要一系列流程。但在诊断出比较严重的状态发生时，必须采用更快的调整或动作来避免更大的损坏。

5.5.3 充电桩

5.5.3.1 业务应用现状

充电桩能实现计时、计电度、计金额充电，可以作为市民购电终端。同时为提高公共充电桩的效率和实用性，今后将陆续增加一桩多充和为电动自行车充电的功能。2006年，比亚迪在深圳总部建成深圳首个电动汽车充电站。2008年，北京市奥运会期间建设了国内第一个集中式充电站，可满足 50 辆纯电动大巴车的动力电池充电需求。截至 2020 年 6 月底，全国各类充电桩保有量达 132.2 万个，其中公共充电桩为 55.8 万个，数量位居全球首位。

电动汽车充电桩作为电动汽车的能量补给装置，其充电性能关系到电池组的使用寿命、充电时间。这也是消费者在购买电动汽车之前最为关心的一个方面。实现对动力电池快速、高效、安全、合理的电量补给是电动汽车充电器设计的基本原则，另外，还要考虑充电器对各种动力电池的适用性。

在政策和市场双重作用下，充电桩的经济效益初步形成，更多的社会资本争相介入，给充电桩产业注入活力，带动了充电基础设施的发展。

5.5.3.2 技术需求分析

随着全球环境的恶化和石油资源的缺乏，社会开始关注电动汽车的使用。在国家的大力支持下，各个汽车厂商纷纷响应国家号召，研制自己新能源电动汽车产品以求推向市场，电动汽车取得了长足的发展，在如此增速之下，庞大的市场保有量指日可待，但要达到期望水平，还远远不够。要广大消费者支持和使用电动汽车，必须从根本上着手解决充电问题，因此解决充电桩问题就迫在眉睫。目前充电桩主要存在以下问题：

（1）用电成本高、价格贵、安装复杂。对此，国家应出相应政策，调整充电桩电价费用，建议小区车位修建时预留所需的380V快充线，以求降低安装及使用成本。

（2）使用方式标准不统一，兼容性差，利用率低。政府应加大公共充电桩建设力度，占据市场主动地位，统一标准，其他企业跟风进行，加速市场统一。同时加快共享充电桩建设。

（3）管理不到位，损坏，占位严重。公共充电桩是一种共享的社会资源，现场无人管理，车主经常不规范使用充电桩以及部分人为破坏等因素使充电桩损毁严重，城市停车位紧张，在公共停车场的充电车位常常被燃油车霸占，导致很多电动车主只能"望桩兴叹"。对此，政府应尽快出台相关政策。

（4）充电桩自身安全性。公共充电桩属于社会资源，一般安装在人口较密集的城市，暴露在室外，需经受住气候的严峻考验，安全标准必须达到最高级别，且长期有专人维护，设备老化及时更换或拆除。国家应制定严格标准，防止不合格产品流入市场。

（5）布局不合理，分布不均，僵尸桩严重。为响应国家政策要求，"为建而建"的充电桩导致很多公共充电桩变成"僵尸桩"。为更好地解决"僵尸桩"问题，还需要政府部门出台政策规范。

（6）充电桩功率低。新能源汽车要真正成为人们绿色出行的交通工具，成功取代燃油车，必须提高新能源汽车的续航能力，降低新能源汽车的充电时长。

5.6 储能领域

储能技术在能源互联网建设中占有重要地位，其储存形式多种多样，其中，电池储能已成为电力系统中直流电力系统及应急电源系统的重要组成部分，主要担负为电力系统中二次系统负载提供安全、稳定、可靠的电力保障，储能领域传感器主要围绕不同类型电池及超级电容的温度、剩余容量等影响储能健康状态的指标展开监测，随着电力系统可靠性的提高，如何在减少维护及检修工作量的同时，建立智能化的电池状态监测系统已经成为电力系统领域的热门课题之一。

5.6.1 内阻传感器

5.6.1.1 业务应用现状

内阻传感器主要用于储能领域下的UPS电源系统和蓄电池系统使用的控铅酸蓄电池及燃料电池的内阻检测，单体电池在一定的放电电流、放电量在$20\%\sim80\%$之间时，电池容量和电池内阻倒数即电导之间存在一定关系。电池的内阻是当电流流过蓄电池内部所受到的阻力，一般可分为静态内阻和动态内阻，动态内阻只有在动态放电的条件下才能测出，随着蓄电池使用时间的增加，极板上活性物质的腐蚀、活性物质的脱落、连接条的腐蚀、极板的硫酸化、极板的变形、蓄电池失水等等因素，将会造成蓄电池容量减小，内阻增大，电池的内阻已被公认为是一种迅速而又可靠的诊断电池健康状况的较为准确方法。但是大容量电池的欧姆内阻很小。其变化幅度就会更小，需要相当精度的内阻传感器，这是内阻检测的一大挑战。目前已经有越来越多的变电站蓄电池采用内阻检测手段，比如目前深圳供电局的变电站已经全部使用电池内阻监测。

5.6.1.2　技术需求分析

现使用的内阻测试方法主要有直流法、交流注入法及交流放电法等，其原理各异，优缺点并存，其优劣性在国际上也尚无定论，实际中直流法和交流法的测试装置都有采用，内阻监测系统的发展逐步趋向于设备的轻便小型化、高可靠性、远程控制等，同时由于电池状态监测的重要性，当电池处在较恶劣的环境时，内阻传感器需要有高电磁兼容的能力并能精确测量电池内阻。

5.6.2　电流传感器

5.6.2.1　业务应用现状

电池电量指示是储能电池的一项基本功能配置，电池监测功能可以准确测量剩余电池容量，为了有效估算电池消耗情况，高精度电池监测至关重要。电池的荷电状态主要估计方法有安时积分法、放电测试法、开路电压法、内阻法等，在这些方法中，由于安时积分法简单易行，应用广泛，该方法实时测量充入电池和从电池放出的能量，从而能够给出电池任意时刻的剩余电量。通过电流传感器即能实现电池容量监测，常用的电流测量仪器有分流器、互感器、霍尔电流传感器和光纤电流传感器，电池供电不适合使用互感器；分流器精度高，但对于某些环境中难以实现安装，光纤传感器因其高昂的价格也不适合用于电池电流的测量；霍尔传感器属于隔离测量，本身器件的故障不会影响到电池组的正常工作，可靠性和性价比较高，所以其广泛应用于储能电池的电流测量和容量监测。

5.6.2.2　技术需求分析

对于电力系统领域的储能设备，霍尔电流传感器面临的首要问题是抗电磁干扰，需要合理设计传感器的形状、位置及屏蔽技术，降低外部电磁场的干扰，提高其电磁兼容性能，同时传感器存在零位误差和温度误差问题，零位误差是指霍尔传感器无外加电流的情况下仍然会产生一定的输出电压；另外，霍尔元件控制电流产生的自激磁场引起的霍尔电势以及隔离运放的零漂同样将导致零位误差的出现，其特性参数会受到温度变化的影响，要对温度误差进行补偿，提高霍尔传感器的测量精度及可靠性仍然是一大研究方向。光纤电流传感器虽然成本较高，但其具有优越的抗电磁干扰的性能，非常适用于电力系统环境，降低光纤传感器的应用成本对现有光纤传感技术提出挑战。

5.6.3　温度传感器

5.6.3.1　业务应用现状

温度传感器广泛用于储能领域中电池单体温度测量，目前主要使用接触式测温传感器，分为自发式和可调节式的两种。自发式温度传感器不需要外界提供电源动力来检测温度信号，例如热电偶，但基本不用于燃料电池测温，其会增加接触电阻，增加燃料泄漏，可调节温度传感器如热敏电阻器要外界提供恒定的电压或电流来检测信号，电阻式温度检测器与传统温度传感器相比，是中低温区（－200～650℃）常用的一种温度检测器，广泛应用在微型燃料电池温度的测试中。

5.6.3.2 技术需求分析

传统的热电偶、热电阻测温方法以其技术成熟、结构简单、使用方便等特点，在未来温度测量领域中，依然能够广泛使用，在传感器结构改进方面，出现了薄膜温度传感器，它是随着薄膜技术的成熟而发展起来的新型微传感器，特别适合于电池小空间温度测量、表面温度的测量等场合，但目前相关应用还不多见。同时由于 MEMS 技术的发展，温度传感器的体积向着更小、性能更高方向发展，以便适用于越来越微型化的电池内部温度的测量，同时为降低干扰，提高精度，温度传感器正向着数字化、智能化、网络化、总线标准化、高可靠性方向发展。

5.7 资产管理领域

资产管理是贯穿于资产全寿命周期整个过程，良好的资产管理模式可以为资产全寿命周期管理提供可靠的信息，提高管理者的决策的准确性。资产管理领域传感器主要用于帮助对电力资产设备进行管理，在资产的采购、运行、维护及报废过程中获得资产设备的相关信息，完成数据快速准确采集，确保企业及时准确地掌握固定资产的实时状态信息。

资产管理领域涉及的传感器主要是无线射频识别（Radio Frequency Identification，RFID），它是一种非接触式的自动识别技术，基本原理是利用空间电磁波的耦合或传播进行通信，以达到自动识别被标识对象，获取标识对象相关信息、完成固定物质在管理过程中各个操作环节的标识数据信息采集。

5.7.1 业务应用现状

RFID 技术主要应用在电力系统资产管理、物流控制系统、定位系统等领域。在很多大型电力计量资产管理的应用中，RFID 技术已经得到广泛应用，主要是因为传统的计量资产管理完全依赖条形码管理流程记录了计量资产的身份编码，但是这种身份编码的更换比较麻烦，而且对于资产状态使用部门、使用人和责任人等经常变化的信息记录和更改需要花费大量的时间和人力。建立基于 RFID 技术的电子计量资产精细化管理应用系统就能够实现完善的动态物流管理模式，通过计量资产粘贴复合式电子标签，为所有的计量资产建立了唯一的标识，RFID 打印机可以打印 RFID 的电子标签，完成电子标签的初始化工作，通过后台数据把电子标签信息和计量资产之间产生身份信息的关联。

此外，RFID 技术在电力计量中心也得到广泛应用，电力计量中心承担着辖区内电能计量器生命周期的识别职能，无论是从采购、仓储、测试开始到最终的检测合格、配送安装和运行监控等，都对于城市网络改造和居民一户一表的工作效果起到了重要作用。将 RFID 技术用于电力计量中心后，相当于电表都有了条形码身份证，可以实现远程集约化管理，减少工人的工作量，提高管理效率。

5.7.2　技术需求分析

　　RFID 技术涉及无线射频、天线技术、芯片技术、无线数字传输技术和电磁波传播特性等方面。随着电力物联网技术的推广，越来越多电力资产与 RFID 结合 ，由于电力资产及应用环境的多样性，RFID 硬件设计与制造向着多功能、多接口、多制式，并向模块化、小型化、便携式、嵌入式方向发展。此外 RFID 标签的功能需要得到扩展，比如具备监控温度、气压和湿度的功能，同时 RFID 需要具备更加安全的性能，RFID 系统进行前端数据采集工作时，标签和读写器之间采用无线射频信号进行通信，如果没有可靠的安全保密措施，在系统采集数据时，数据很有可能被窃取甚至恶意篡改，对 RFID 安全保密技术，加密、编码、身份认证等技术进行研究十分必要。

第6章
关键技术分类及重点研发方向

6.1 先进电学传感技术

6.1.1 磁阻电流/磁场传感技术

1. 技术原理

在磁电阻技术基础上形成的一种电流传感技术，其核心是利用磁阻效应通过测量电流产生的磁场大小来间接测量电流。磁阻效应分为各向异性磁阻效应（AMR）效应、巨磁阻效应（GMR）和隧道磁阻效应（TMR）。在磁场的作用下，具有磁阻效应的单元其电阻将发生变化。通过将磁电阻单元形成电桥结构，可以将电阻变化转换成电压信号输出，通过外部的信号调理电路，输出电压可以反映待测磁场以及电流的大小。几种磁阻效应的基本原理如图6-1所示。

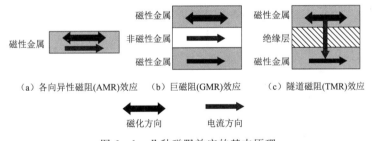

（a）各向异性磁阻(AMR)效应　　（b）巨磁阻(GMR)效应　　（c）隧道磁阻(TMR)效应

图 6-1　几种磁阻效应的基本原理

由于采用探测磁场的方式来测量电流大小，导致在实际使用的过程中，对电流位置、电流角度、干扰磁场等影响因素都特别敏感，因此常采用磁阻芯片加开口磁环的方式来探测电流，以增加器件的准确性。按照加磁环后的工作原理，磁阻电流传感器分为开环传感器和闭环传感器。开环电流传感器示意图如图6-2（a）所示，电流产生的磁场经磁环的汇聚作用反馈至气隙处的磁阻芯片，磁阻芯片直接输出电压信号U_{out}，在磁阻芯片的线性范围内，输出信号U_{out}的大小和电流的大小成正比，由U_{out}可以得到电流的大小。闭环电流传感器示意图如图6-2（b）所示，在开环电流传感器的基础上，将芯片产生的一次信号，经过运放引入反馈线圈，在反馈线圈中形成反馈电流I。反馈电流在磁环的气隙中形成与初始电流产生磁场相抵消的反馈磁场，使磁阻芯片工作在接近零磁通的状态，此时闭环传感器达到平衡状态，反馈电流与待测电流的比值为反馈线圈的匝数，测试与反馈电流串联的采样电阻两端的电压大小可以得到待测电流的大小。

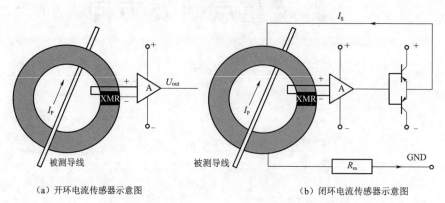

（a）开环电流传感器示意图　　　　　　　（b）闭环电流传感器示意图

图 6-2　开环电流传感器和闭环电流传感器示意图

2. 研究现状

针对不同的应用需求，目前在磁电阻材料，磁阻芯片设计，磁环形状、材料设计，信号处理电路等方面均有研究方向。其中材料方面和磁阻芯片设计方面，以提高线性度和灵敏度为主要出发点，以 TMR 为例，目前有双钉扎结构、永磁偏置技术以及特殊形状优化设计方法来提高线性度。通过设计磁环的形状、气隙大小等可以调节传感器的饱和磁化场、抗干扰性能等。通过选用铁氧体磁芯等材料，可以满足高频的电流探测需求。

3. 攻关方向

（1）抗电磁干扰技术。由于磁阻传感器主要通过测试磁场来反应电流的大小，无法直接区分环境磁场的来源，因此抗环境磁场干扰问题是磁阻传感器面临的一大难点，通常采用屏蔽、绝缘等技术来降低干扰磁场的影响。

（2）温度稳定性技术。由于磁阻传感器是以铁磁性材料为基础的技术，温度、湿度等气候条件的变化对磁阻传感器的性能影响较大，目前磁阻传感器的温度稳定性还有待进一步提高，需要采取温度补偿的方式降低其温度系数。

（3）芯片一致性问题。由于磁阻芯片采用全桥结构，需要各阻臂尽可能一致来降低芯片的零点，而由于其工艺限制，实际制作的磁阻芯片很难具有一致的零点，需要进一步提高磁阻芯片的一致性。

（4）自供电模块一体化。由于磁阻芯片是有源器件，需要额外的电源来供电，不利于其长期架设在输电线上，将其和取能模块作为整体来作为自供电传感模块，可以有效解决这一问题。

4. 应用场景

（1）直流电流监测。相对于 TA，罗氏线圈等传统电流监测设备，磁阻电流传感器的一大优势在于可以进行直流电流监测，在目前直流配网中具有广阔的应用前景。

（2）暂态电流的监测。输电线路、变电站和换流站的电流监测对象主要包括正常直流、工频工作电流、谐波电流、工频过电流、短路电流、操作冲击电流和雷电冲击电流等各种不同大小、不同频率的电流种类，记录电路的暂态变化需要传感器具有量程广、频带宽的特点。磁阻传感器具有丰富的材料和器件设计体系，在量程和响应速度上均能满足各种暂态电流传感的需求。

（3）微弱漏电流的监测。在线路、变电站中的避雷器和绝缘子等地方有微弱的漏电流，通常量级在毫安级以下，利用磁阻传感器的高灵敏度，可以有效地实现动态监测。

6.1.2 新型电压传感技术

1. 技术原理

一类是基于光学原理的电场/电压传感器，通常利用了泡克尔斯效应或者克尔效应。泡克尔斯效应是指某些晶体材料在外加电场作用下会引起介质极化强度变化，进而导致通过晶体的光信号折射率发生与外加电场成正比的相应变化，常用的泡克尔斯晶体有铌酸锂（LN）、硅酸铋（BSO）和锗酸铋（BGO）；而具有克尔效应的介质折射率的变化与外加电场的平方成正比。通过测量光信号穿过泡克尔斯效应或者克尔效应晶体材料后折射率的变化，就可以推算出作用在晶体材料上的外加电场信息。利用泡克尔斯效应的光学电场/电压传感器基本原理如图 6-3 所示。

另一类是逆压电材料与光检测集成的电场/电压传感器，通常是利用了逆压电效应。其基本原理是将逆压电效应引起的材料形变转化为对光信号调制效果的检测。常用逆压电效应材料包括 PZT 压电陶瓷、石英晶体等，其会在电场作用下发生形变；将材料形变耦合到可以测量压力作用的单模光纤或者光纤光栅上，通过

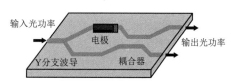

图 6-3 利用泡克尔斯效应的光学电场/电压传感器基本原理

测量传输光信号特性的变化，就可以推算出作用在逆压电材料上的外加电场信息。

2. 研究现状

目前公开报道的新型光学电场/电压传感具有幅值范围宽、频响范围宽、绝缘简单、抗扰能力强、非接触式测量等显著优点，可以测量最高达到 1GHz、上百 kV/cm 的电场。

3. 攻关方向

目前光学电场/电压传感器面临的主要技术难题是温度稳定性问题。传感器温度稳定性主要取决于传感晶体和工作光源的温度特性以及传感头加工工艺；晶体热应力效应及热光效应是影响晶体温度稳定性的两个主要因素。

4. 应用场景

光学电场/电压传感技术可以应用于多种电力设备内外部电场分布的测量，以及各种稳态（制成电容分压型、全电压型、分布式结构型光学电压传感器）和暂态甚至 VFTO 电压的测量。

6.1.3 芯片化电场传感技术

1. 技术原理

交错振动式微型电场传感器是一种典型的 MEMS 传感器，在技术原理上类似于旋转

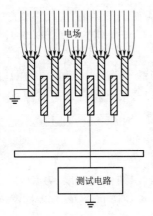

图 6-4 交错振动式微型电场
传感器基本原理示意图

伏特计。传感器采用压电陶瓷制作驱动结构，通过在驱动结构上施加驱动电压，使得感应电极和屏蔽电极的相对位置随时间发生变化；感应电极和屏蔽电极边缘有处于交错状态的梳齿，当屏蔽电极表面凸出于感应电极的表面时感应电极表面感应电荷较多，当屏蔽电极表面下凹于感应电极的表面时感应电极表面感应电荷较少，根据输出感应电流的大小就可以测量出原始电场强度。采用该结构的传感器需要施加合适的交流电压带动压电片振动。此外，外加电场作用于逆压电材料上导致材料发生的形变，也可以与压阻模块、电容模块耦合到一起，采用 MEMS 工艺制作成芯片化的电场传感器。交错振动式微型电场传感器基本原理示意如图 6-4 所示。

2. 研究现状

交错振动式微型电场传感器已经有初步的应用成果报道，但体积和功耗仍然较大。基于逆压电耦合效应的 MEMS 电场传感器具有体积小的优点，但仍然处于初步的研究探索阶段。

3. 攻关方向

根据目前公开报道尚未见到一种高性能、微型化电场/电压传感器的理想解决方案，尚需要在适用技术原理、芯片加工制备等方面开展全面的攻关研究。

4. 应用场景

芯片化 MEMS 电场传感器可以应用于多种电力设备内外部电场分布的测量；如果进一步集成融合取供能、无线通信模块后，可嵌入安装到高压设备内部进行电场测量。

6.1.4 空间电场/电荷测量技术

1. 技术原理

油纸绝缘结构空间电场光纤导入式传感器一种是基于克尔效应利用光纤导入传感器的空间电场测量传感技术。克尔效应法也是一种基于光电效应的测量方法，克尔效应原理如图 6-5 所示。所谓的克尔效应是指，某些液体电介质在施加电场作用后，对通过其内部的光束具有双折射效应，使得光束中垂直于电场方向和平行于电场方向的光矢量具有不同的传播速度，从而使两者产生相位差，克尔效应产生的光矢量相位差的大小，与外施电场强度的平方具有正比关系。利用克尔效应法测量液体电介质内部的空间电场分布情况时，能够实现非接触式测量，不必引入其他介质，也不会改变原有的空间电场分布。而且，克尔效应法是以光学偏振现象为测量原理基础的，当光电检测单元的响应速度满足要求时，克尔效应法能够实现对油纸绝缘结构下空间电场暂态过程的测量，这是一般方法难以具有的优势。

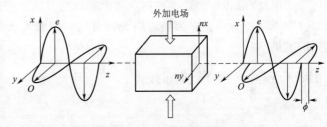

图 6-5 克尔效应原理

2. 研究现状

目前，利用克尔效应对开放空间下的液体电介质的测量方法和技术已经十分成熟，许多高校和科研单位也都针对不同条件及研究对象而设计了相应的试验平台。但是，针对密闭空间条件下的测量技术的研究还比较少，没有可以导入到换流变压器大尺寸绝缘内部的电场测量传感器，无法直接对换流变压器内部的电场分布进行测量。

目前国内外已开展的有关光纤电场测量装置的研究基本都是利用铌酸锂电光晶体的线性电光效应，即光通过晶体时在电场作用下会发生双折射现象。但是，如果将基于电光晶体的电场测量装置导入充油设备内部开展油中电场测量，无法直接对空间电场进行测量。而且在交直流复合电压作用下，电荷会在电光晶体的表面积聚，且目前铌酸锂晶体在油中电场作用下的界面电荷积聚情况尚且不明确，无法定量地给出由于电荷存在而导致的电场测量误差。采用克尔效应原理进行油中电场光纤导入式测量则不仅可以直接测量油中的电场，而且不存在截面电荷对电场测量产生影响。然而，目前为止，并没有发现有公开发表的采用克尔效应原理进行光纤导入式油中电场测量传感器的研究。

3. 攻关方向

面向换流变压器等大尺寸绝缘结构内部的空间电场测量等应用场景，研究光纤导入式油纸绝缘结构空间电场传感器；从换流变压器阀侧绕组、出线装置等实际大尺寸油纸绝缘结构尺寸出发，设计微型化电场测量传感器的结构，并结合克尔效应和光纤测量技术，对其传感器内部光路进行合理化设计。为尽量减小传感器的引入对待测电场的影响，合理选择传感器器身材料，通过仿真与实测的研究对比，降低传感器的引入对待测电场的影响；利用常规克尔效应电场测量平台，对比直流电压、交流电压下传感器实测电场与理论电场的差异，对电场测量传感器的准确度和灵敏度进行标定；针对换流变压器阀侧出线装置模型，对所研制传感器进行了应用测试，研究交流电压、直流电压及极性反转电压下，模型油中电场的动静态特性。

4. 应用场景

从 20 世纪 50 年代以来，高压直流输电作为一种新型输电方式，在长距离、大容量输电以及电网互联等方面具有独特的优势，目前已经成为高压交流输电的有力补充，同时也在全球范围内得到了非常广泛的使用。在高压直流输电领域，换流变压器无疑是不可替代的关键设备之一，这是由于其处在直流电和交流电相互转换的核心位置，以及在设备制造技术方面的复杂性和设备费用的昂贵性等所决定的。在换流变压器的设计制造中，合理有效的绝缘结构设计不仅是重点，而且是难点。从目前的统计数据来看，一半以上的换流变压器故障是因为绝缘失效导致的。

目前我国对换流变压器油纸绝缘结构的研究和设计通常基于仿真的手段，缺乏科学有效的试验研究，亟须用试验的手段验证仿真分析和绝缘设计的有效性，并以此反馈和优化绝缘设计，为电力设备的研制提供试验支持，为保障电力系统安全可靠运行提供技术支撑。基于克尔效应的光纤导入式油纸绝缘结构空间电场测量传感器可实现换流变压器等大型电力装备内部空间电场直接、准确测量，掌握关键绝缘结构空间电场分布特性，发掘绝缘薄弱位置，为故障诊断、绝缘设计和绝缘优化提供技术支持。

6.1.5 局放特高频传感技术

1. 技术原理

局部放电（Partial Discharge，PD）是导体间绝缘仅部分击穿的电气放电，每次 PD

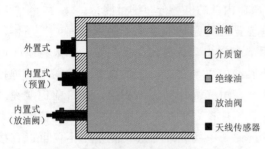

过程中的发生都会伴随着正负电荷的中和，激发出宽频带高频电磁波信号。局放特高频传感器技术是利用天线耦合特高频（UHF，300MHz～3GHz）频段范围内的电磁波信号，以此来实现电力设备 PD 绝缘缺陷的在线监测。UHF 天线传感器常规安装方式如图 6-6 所示。根据安装位置的不同，可以将电力变压器用 PD 检测天线传感器划分为两类：内置式和外置式。内

图 6-6 UHF 天线传感器常规安装方式

置式单极子天线传感器如图 6-7（a）所示，外置式圆盘式天线传感器如图 6-7（b）所示。

(a) 内置式单极子天线传感器　　　　　　　(b) 外置式圆盘式天线传感器

图 6-7 UHF 天线传感器

内置式 UHF 是通过放油阀、人/手孔或者变压器生产过程中预置的方式将 UHF 天线传感器置于变压器油箱内部，外置式则是通过在变压器油箱上开介质窗的方式将 UHF 天线传感器安装在变压器油箱外部。这两种方法各有优缺点：内置式 UHF 具有安装方便的优点，但出于事故责任划分和阻碍油色谱取油样等方面的考虑，该方法并不受电力公司现场工作人员的欢迎，而通过在变压器生产过程中预置天线传感器的内置式 UHF 则无法用于正在运行的电力变压器，同时内置的天线传感器有破坏变压器内部电磁平衡的风险；外置式 UHF 不存在阻碍油色谱取样和宽带 UHF 天线传感器设计困难的问题，但是，外置式 UHF 需要在变压器油箱上开介质孔，同样无法用于正在运行的电力变压器。

2. 研究现状

内置式主要通过变压器放油阀、人/手孔将天线传感器深入到油箱内部，或者在变压器生产过程中在其内部的提前预置。目前，通过放油阀内置的 UHF 天线传感器主要有单极子天线和立体螺旋天线，但是其工作频带较窄，通过人/手孔内置的 UHF 天线传感器主要有盘式天线、Goubau 天线、锥形天线以及螺旋天线，这些天线普遍为超宽带天线且增益较高。但是，通过人/手孔内置的 UHF 天线传感器因为受到类波导结构对导致电磁

波衰减的影响，存在灵敏度较低的特点。通过介质窗外置的 UHF 天线传感器主要有平面螺旋天线、盘式天线以及分形天线，无须考虑对变压器内部电磁平衡的影响，可以在不停电情况拆卸，但无法用于运行中电力变压器的 PD 检测。

3．攻关方向

（1）对于已经大量投运的电力变压器，如何研制有效的内置 UHF 天线传感器，使天线传感器内置后仍然保持宽有效频带是未来攻关方向之一。

（2）对于已经大量投运的电力变压器，如何实现非金属绝缘缝隙泄露电磁波的有效检测和相应的定位、评估等算法是一个方向。

（3）对于未投运的电力变压器，如何实现内置天线传感器的有效校准是未来攻关的一个方向。

受限于目前芯片采样率和计算速率的影响，目前还未有有效的手持式设备能够有效实现 UHF 信号频带特性的有效检测，因此，随着技术的发展，高性能手持式 UHF 检测装置是未来发展的另外一个方向。

4．应用场景

我国电网系统基础庞大，大量电力变压器在运行当中，同时大量早期投运的电力变压器在生产过程中没有内置 UHF 天线传感器，需要研制高效的内置和泄露 UHF 天线传感器及相关算法，而随着电网系统的快速发展，大量待投运的电力变压器需要在生产过程中内置 UHF 天线和验证内置 UHF 天线传感器的有效性，而高性能手持式 UHF 检测装置则是所有需要检测高频信号的场所都需要的。

6.2 光纤传感技术

6.2.1 光纤光栅传感技术

1．技术原理

被测量与敏感光纤相互作用，引起光纤中传输光的波长改变，进而通过测量光波长的变化量来确定被测量的传感方法即为波长调制型传感。目前，波长调制型传感器中以对光纤光栅传感器的研究和应用最为普及。光纤光栅结构图如图 6-8 所示。光纤光栅传感器是一种典型的波长调制型光纤传感器，其自身结构仅包含内部纤芯和包层两层，一般实际使用中在最外侧还有一个保护层。基于光纤光栅的传感过程是通过外界参量对光栅中心波长的调制来获取传感信息的原理，其数学表达式为

$$\lambda_B = 2n_{eff}\Lambda$$

由此可知，光纤布拉格光栅的有效折射率 n_{eff} 和周期 Λ 是导致其中心波长 λ_B 发生变化的决定性因素。因此，任何导致光栅有效折射率和周期发生变化的外界待测参量（温度、振动、应力等）都会引起光栅中心波长发生漂移，通过测量由外界参量变化所引起的中心波长漂移量，即可直接或间接地得到外界待测参

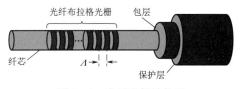

图 6-8 光纤光栅结构图

量变化情况。

2. 研究现状

光纤光栅由于自身的抗电磁干扰、电绝缘、耐腐蚀等优点，且能够感知应变和温度的变化，已广泛用于大型复杂结构的应变测量以及温度的检测中。近几年随着国内外光纤光栅解调技术的发展，光纤光栅传感技术已经不断成熟完善并逐渐形成传感领域的一个新方向。但由于光纤光栅同时感知应变和温度，存在应变和温度解耦的问题，同时裸光栅对温度和应变的响应程度较低，因此光纤光栅在电力行业的全面推广应用存在一定的局限性，也出现了一些利用算法或双光栅等物理方法实现对温度与应变进行解耦的情况。针对裸光栅对温度、应变感知不敏感的问题，也有聚合物灌封光纤光栅压力增敏、圆筒-活塞式压力增敏和热膨胀聚合物材料温度增敏、正反向温敏聚合物材料融合温度增敏等方法。在电力系统中，最常见的是利用光纤光栅实现对电力电缆绝缘温度进行测量。目前对于电力电缆系统终端部位以及已经发生弯曲故障的部分需要进行健康监测时，通过对光纤光栅传感器搭建其自身的测温平台，可以实现对温度的健康监控。同时，现有的测量技术可以将光纤光栅测得的信号通过通信的传输接口，实现光纤光栅传感器在线的温度实时监测与实时传输。部分光纤光栅传感器实物图如图 6-9 所示。

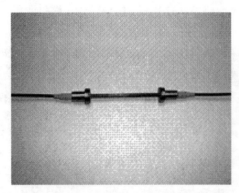

图 6-9　部分光纤光栅传感器实物图

3. 攻关方向

电力系统中存在大量的电气设备，但由于一些特殊的原因，光纤光栅类传感器仍无法代替传统传感器实现对电力设备参量的实时感知。以温度为例，电力设备中往往需要对温度进行整体把握，即进行多点测量，这就需要在每个探测位置使用传感探头，引出多条光纤通道。但在实际应用中往往需要获得一定跨度范围的整个温度信息，因此，采用这样的测温方式不但对资源造成浪费，而且在布线过程中也有一定的困难。尽管采用分布式光纤温度传感器是一种理想的手段，但实际中分布式光纤传感器测温和定位误差都比较大，虽然可以适用于对电缆温度分布的检测，但若想应用到变压器内部或其他大型电力设备中，仍需要进一步研究。此外，传统光纤光栅的增敏手段是利用对温度或应变敏感的材料，如聚合物或者金属，这些材料用于电力设备内部会产生一些影响传感器或电力设备正常工作的问题，这都限制了光纤光栅传感器在电力行业中的大规模应用。

4. 应用场景

自光纤光栅温度应变特性于 1989 年被研究验证以来，由于其自身特性，如本质安全、检测精度高、抗电磁干扰、传输距离远等，光纤光栅检测元件的开发利用已拓展到应变、位移、压力、流速、锚索锚杆、倾斜等方面的应用。尤其是光纤光栅温度传感器，已在电力电缆温度检测中得到了广泛的使用。此外，在绕组变形程度、杆塔倾斜、电力设备内部压力及流速监测等方面，理论上都可用到相应的光纤光栅传感器，相关受限因素也正逐步得到解决。在未来，一定会有大量高精度、高灵敏度的光纤光栅传感器用于电力设备的在线监测与保护。

6.2.2 光学晶体传感技术

1. 技术原理

光学晶体传感器是一种利用电光效应或磁光效应实现的传感技术。在光学各向同性的透明介质中，外加磁场可以使在介质中沿磁场方向传播的线偏振光的偏振面发生旋转，这种现象被称为法拉第磁光效应，光学晶体电流传感器示意图如图 6-10 所示。其旋转角度 θ 满足

$$\theta = VHL$$

式中　V ——光学晶体的 Verdet 常数；

　　　L ——通光路径；

　　　H ——待测点的磁场强度或待测电流 i 感生的磁场强度。

可见测出旋转角度 θ，即可测出磁场强度 H 或者电流 i。利用光学晶体的磁光效应可以研制出光学晶体电流传感器和磁场传感器。

目前还有基于电光效应的光学晶体电压、电场传感器。电光效应包括泡克尔斯效应和克尔效应。其中泡克尔斯效应指当外施电场、电压施加于光学晶体时，由于晶体自身的双折射特性，其折射率会发生变化，且折射率的变化

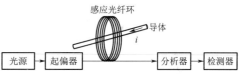

图 6-10　光学晶体电流传感器示意图

同外施电场、电压的场强具有线性关系。所谓的克尔效应是指，某些液体电介质在施加电场作用后，对通过其内部的光束具有双折射效应，使得光束中垂直于电场方向和平行于电场方向的光矢量具有不同的传播速度，从而使两者产生相位差，克尔效应产生的光矢量相位差的大小，与外施电场强度的平方具有正比关系。因此，两者也被称为一次电光效应和二次电光效应。

2. 研究现状

随着电力工业的迅速发展，电力传输系统容量不断增加，运行电压等级越来越高，不得不面对棘手的大电流、高电压、强电磁场等的测量问题。在高电压、大电流和强功率的电力系统中，测量的常规技术所采用的以电磁感应原理为基础的传统传感器暴露出一系列严重的缺点。传统传感器已难以满足新一代电力系统在线检测、高精度故障诊断、电力数字网等发展的需要。我国在大力发展智能电网事业之时，也在寻求更理想的新型传感器。光学晶体传感器具有诸多优点，使其广泛应用成为必定趋势。诸如中国电力科学研究院等科研单位、高等院校、电力公司等都在进行利用光学晶体传感器进行电流、

电压、磁场、电场测量的研究，但是实际应用较少。其中电流、电压测量技术的研究较为成熟，产品在我国智能变电站等项目建设中得到应用，但目前在实际中并没有广泛使用和大量取代其他类型的传感器；电场、磁场测量技术的研究仍然在开展研究，尚未进行典型应用。

3. 攻关方向

（1）实现实用化。目前在实际中并没有广泛使用的主要原因是光学晶体中的线性双折射的影响。光学晶体中的线性双折射使得其中光偏振态发生变化，从而影响传感器的性能，另外温度和振动也会影响线性双折射进而影响测量结果。因此解决线性双折射影响的问题是加速其实用化的一个关键因素。

（2）实现传感器与光纤通信技术结合。光学晶体传感技术中采用光纤进行信号传输，传感器光纤与光纤通信技术相结合并实现传感系统的网络化和阵列化是光学晶体传感技术的重要发展方向，光纤技术可用于电站中的测量、监控、保护、通信等各方面。

（3）实现功能多样化。电力系统的发展需要多功能测量技术，既能测电流，又能测电压、电场和磁场的技术等，以扩大使用范围。能同时测量电流与电压、电功率、电场和磁场的光学晶体传感系统是今后的发展趋势。

4. 应用场景

我国电网的电力传输系统容量不断增加，运行电压等级越来越高，传统的传感器显示出越来越多的不足：绝缘要求比较复杂，从而导致体积大、造价高、维护工作量大；输出的是模拟信号，不能直接和微机相连，不能满足智能电网中自动化、数字化的要求；磁性材料存在磁饱和、铁磁谐振等。因此，新型光学晶体传感器的实用化势在必行。

光学晶体传感技术主要应用于电力系统的电气量监测，可实现对输电线路、变压器等部位的电流、电压、磁场、电场等量的测量，因此直接或间接反映整个电力系统的运行状态，从而实现对电力系统的测量、监控、保护。光学晶体电流传感器在电网中的应用如图 6-11 所示。

图 6-11　光学晶体电流传感器在电网中的应用

6.2.3　分布式光纤传感技术

1. 技术原理

分布式光纤传感器一种是利用光纤散射效应实现的传感技术。光纤中传播的光波，大部分是前向传播的，但由于光纤的非结晶材料在微观空间存在不均匀结构，一小部分光会发生散射，可以从反向的散射光中检测到光纤周围的物理效应。光纤中的散射类型主要有瑞利散射、拉曼散射和布里渊散射。不同散射光物理特性传感原理如图 6－12 所示。

光纤拉曼散射具有对温度敏感的特性，布里渊散射对温度和应变同时敏感特性，利用光纤的散射效应研制出分布式光纤温度传感器和分布式布里渊应力应变传感器。

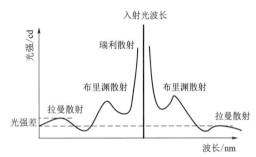

图 6－12 不同散射光物理特性传感原理

另外应用较多的分布式光纤传感器是传输光干涉式光纤传感器。光纤周围的施工、偷盗、窃听或其他各种外力作用到光纤上时，使光纤沿轴向发生变化，导致光纤中传播的导光相位被调制，从而影响干涉光使其发生变化，通过解调干涉光信息，可以获取光纤位置上的振动量。分布式光纤传感系统示意图如图 6－13 所示。Sagnac 干涉型光纤振动传感系统示意图如图 6－14 所示。

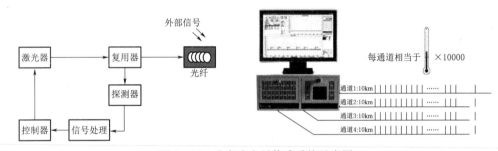

图 6－13 分布式光纤传感系统示意图

2. 研究现状

分布式光纤传感技术在桥梁、大坝、隧道的监测和地质灾害预警等领域已有较成熟的研究应用，在消防、电缆测温方面的研究应用也积累了大量经验。在电网领域对输电线路恶劣环境条件中敷设大量通信光缆，使得基于光纤的运行状态和安全监测变为可能，分布式光纤传感技术一直受到高度关注，开展了电力光纤分布式传感机理与温度、应变、振动等物理量量测技术研究，但是应用较少。DTS 和 BOTDA/BOTDR 在部分输电线路中有试点应用，但是测量精度和测量距离还不

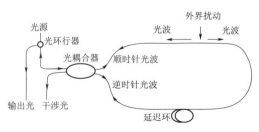

图 6－14 Sagnac 干涉型光纤振动
传感系统示意图

能完全满足要求；基于 φ－OTDR、COTDR 技术的研究仍在开展，尚未进行典型应用。

3. 攻关方向

面向架空输电线路导线、OPGW 地线等长距离输送的应用场景，研究超长距离的分

布式光纤温度、应力应变、加速度等状态监测技术,在状态监测数据基础上开展输电线路覆冰状态监测、线路舞动、受激振动等输电线路监测需求等研究;针对电容器、变压器、超导设备等电网关键设备设施的温度、应变、压力、振动、噪声、电磁场等状态测量,结合压电效应材料、磁致伸缩材料以及光纤结构设计开发光纤传感器件,实现小型化、低成本、现场无源的传感器件设计;针对电力电缆、电力隧道、变电站区等场景的状态监测,解决电力电缆本体温度、局放、电磁场、电应力等参量的一体化监测和基于状态监测的电力电缆运行安全评估等应用,以及探索基于光纤的多参量共纤同步检测技术,是未来电网应用的分布式光纤传感技术研究的热点和攻关方向。

4. 应用场景

我国电网覆盖范围广,输送距离长,途径高原、山区、冻土、沙漠、采动区等各种条件复杂的区域,易受到强风、冰冻、地震、暴雨、洪水等各种自然灾害的侵袭,电网的运维难度大,人工巡检在时间和效率上难以满足要求,缺乏高效可靠的巡检手段,应对安全风险的监测能力不足,对运维工作提出了巨大的挑战。

分布式光纤传感技术应用于输电线路运行状态监测,可实现对架空电力光缆 OPGW、ADSS 等状态的监测、故障定位,掌握 OPGW 地线雷击断股、覆冰弧垂过大等状况。在此基础上可直接或间接反映输电线路整体运行状态,特别是对线路覆冰、强风、舞动等灾害造成线路绝缘间距不足引发的线路停电事故预警具有重要意义。光纤传感器在输电线路覆冰、线路舞动等的状态监测中的应用如图 6 - 15 所示。

图 6 - 15 光纤传感器在输电线路覆冰、线路舞动等的状态监测中的应用

6.2.4 光纤温度传感技术

1. 技术原理

线性分布式光纤温度传感器 (Distributed Temperature Sensor - DTS) 是近些年来发展起来的一种新型的用于实时获得温度分布的测量系统;是一种分布式的、连续的、功能型的光纤温度传感器;是基于石英光纤的拉曼 (Raman) 散射效应与温度的关系,结合光纤激光雷达空间定位技术实现的线性分布式光纤温度传感器。线性分布式光纤温度传感器工作原理如图 6 - 16 所示。

当激光脉冲在光纤中向前传播时，少量光子与光纤介质粒子发生碰撞而产生背向散射，其中背向拉曼散射光信号沿光纤返回至输入端，通过计量散射光返回的时间，即可精确计算出碰撞光脉冲在光纤中的位置，从而实现精确定位，这就是光纤激光雷达原理。同时，为了获取更多、更强的背向拉曼散射光信号，基于拉曼散射效应的线性分布式光纤温度传感器均采用多模光纤缆，

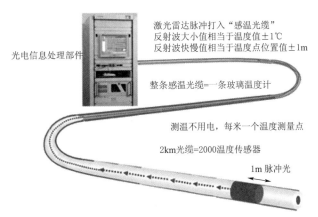

激光雷达脉冲打入"感温光缆"
反射波大小值相当于温度值±1℃
反射波快慢值相当于温度点位置值±1m

光电信息处理部件

整条感温光缆＝一条玻璃温度计

测温不用电，每米一个温度测量点

2km光缆＝2000温度传感器

1m脉冲光

图6-16 线性分布式光纤温度传感器工作原理

其可在数公里长度范围内实现±1m定位精度、±1℃的测温精度的监测效果。

2. 研究现状

由于电力设备运行中产生的热效应，环境温度对电力设备运行效率与安全的影响度等因素，以及光纤传感器具有的距离长、测温精度高、响应时间快、精确定位、无源、线型、抗电磁干扰、耐候性好、报警方式灵活等独特优势，线性分布式光纤温度传感器是在电力行业温度在线监测领域应用最早、应用最广、应用最多的光波调制光纤传感器。

3. 攻关方向

随着智能电网建设的发展需要，电力行业应用的线性分布式光纤温度传感技术，正从探测电缆、线路、设备的外部表面及环境温度，向监测电缆、变压器、电抗器等电力设备的内部导体、绕组温度需求发展；探测距离向数十公里甚至上百公里发展；探测光纤缆品种从多模向单模演进；探测精度从±1℃向±0.5～±0.1℃发展；探测定位精度正从米级向亚米级、厘米级甚至毫米级发展；探测路径正从"点-点"直线型向"点-多点"的树状分支型发展；探测数据处理正向智能化温度事件识别发展；系统成本从早期的数十万/套、目前的数万/套，正向万元级/套的高性价比发展。

4. 应用场景

线性分布式光纤温度传感器是在电力行业最早应用于长距离、大范围、连续在线监测电缆隧道、电缆线路、电缆沟管环境温度监测的光纤传感器。为了防护好架空光电复合线路的运行环境，线性分布式光纤温度传感器可以基于架空光电复合线路（OPGW、ADSS），在线了解线路的环境温度，及时掌握线路外部环境气候变化以及山火、烧荒、覆冰等外部异常温度型损坏事件和准确位置，评价融冰效果；系统根据温度变化确定光缆覆冰状态、覆冰位置，根据应变换算覆冰荷载，实现整条OPGW覆冰分布式监测。可彻底解决传统覆冰监测技术受传感、电源、通信和电磁干扰等制约而造成的监测终端数量多、成本高、电池续航时间短、数据传输稳定性差、监测摄像头凝冰或结雾、传感器多且难于校准、安装维护困难等问题。

同时，由于光电复合线路与高压架空线路同杆敷设，线性分布式光纤温度传感器也可以为同路由的输电线路提供环境防护参考；确定电力运行危害事件等级，指导线路负

荷的转移或提前停运,减少跳闸对线路设备造成的冲击,也可用于指导识别运行线路山火危险点的识别,确定输电线路走廊区域沿线重点监控线段。通过光纤与电缆的复合制作,线性分布式光纤温度传感器可以监测海底电缆、光纤复合电缆的本体运行温度变化。随着技术性能的提高,基于单/多模光纤传输技术的分布式光纤温度传感技术,不但能够提供架空光电复合线路的外部环境温度的分布,还可以定位发现架空光电复合线路上因雷击、局放、异常接地等电气隐患产生的热点。

6.2.5 光纤声波传感技术

1. 技术原理

线性分布式光纤声波传感器(distributed audio sensor,DAS)是近些年来发展起来的一种新型的用于实时获得声波分布的测量系统,是一种分布式的、连续的、功能型的光纤声波探测传感器。线性分布式光纤声波传感器的原理示意如图 6-17 所示,就是利用外部机械扰动或声波机械振动波,在极为敏感的光纤上产生的"光弹效应"的微应变,从对光纤内的瑞丽散射波进行相位或偏振态调制。经过解调后实现对光纤敷设沿途的外部机械振动波甚至声波的定位监测和录波。

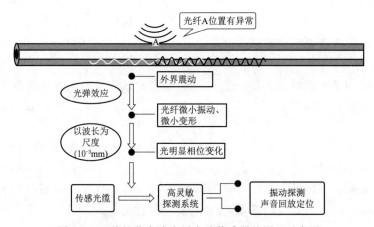

图 6-17　线性分布式光纤声波传感器的原理示意图

早期的线性分布式光纤声波传感技术,是基于获取光纤中背向相干瑞利散射光波的强度信号并在时间域进行差分,实现对探测光纤敷设沿线外界扰动的检测。但因这种基于时间域的光强解调方式只能定性判断机械扰动事件的有无,无法取得外部扰动机械声波。因此只能定性确定光纤外部扰动事件,并粗略定位事件的发生区域,且无法鉴别在同一区域是否同时发生多起外部扰动事件的早期光纤振动感知技术,通常被称为分布式光纤振动传感(distributed vibration sensor,DVS)技术。

2. 研究现状

2011 年前后,中国科学院上海光学精密机械研究所、南京大学、复旦大学、山东大学,以及国外的一些公司等一批大学研究机构和企业,提出并开展了基于光纤瑞利散射相位和偏振解调技术的研究。利用瑞利散射光相位或偏振空间差分与外界振动的线性映射关系，通过数字相干相位或偏振解调，实现了光纤沿线外界振动信号的分布式定量化测量，即实现了对光纤敷设沿线外部机械振动声波的原声还原记录；振动声波频率响应范围为 1Hz~1MHz；响应时间在毫秒级；并可在数十公里长度范围内，实现对同一时间发生的多起事件的数十米级的定位精度；这就是目前的线性分布式光纤声波传感器（DAS）。

3. 攻关方向

目前 DAS 在向更高的性能、更低的成本、更可靠性的高性价比目标发展。更高的采样频率能够解调更高频率的振动（声音）信号；米级甚至亚米级定位精度能够更精确地定位发现事件；智能化的事件人工智能边缘计算识别技术可以提高报警准确率和极低的误报率。

4. 应用场景

随着电力行业在线物联监测技术的发展，声波的探测，特别是长距离、大范围的声波在线定位监测与异常事件的智能识别技术，例如地下隧道、管廊、线路等电力设施面临的地面施工开挖威胁的预警，电力管线通道资源被侵占的告警，甚至压力管道的泄漏或电缆放电的异常声波监听预警等，都对线性分布式光纤声波传感技术提出更高的要求。

6.2.6 光学图像传感器技术

视觉图像感知渗透于国民经济的各行各业中，为社会安全、生产保障、城市监控提供着强有力的技术支撑。现有的传统机器视觉图像主要包括三大成像光谱，即可见光、红外光和紫外光。其中，可见光波长是 400~700nm 的光谱，仅仅是电磁波谱中的一小部分。电磁波（光）谱图如图 6-18 所示。在可见光谱以外还有很多人眼不能看到的光谱，比如紫外线（波长较短）和红外线（波长较长），波长更短的 X 射线和波长更长的无线电波等。

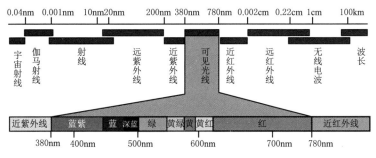

图 6-18 电磁波（光）谱图

1. 红外热成像技术

技术原理：红外热成像视觉感知技术是运用光电技术检测物体热辐射的红外线特定波段信号，将该信号转换成可供人类视觉分辨的图像和图形，并可以进一步计算出温度值。红外热成像技术使人类超越了视觉障碍，由此人们可以看到物体表面的温度分布状况。红外线，这束存在于人眼视觉的红色光谱外的光线早已默默照进了现实，从 20 世纪 60 年代开始，红外热成像技术开始在工业领域及民用领域有所应用。

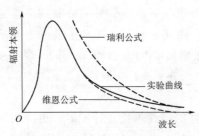

图 6-19 热辐射本领与波长的关系

1859 年，基尔霍夫做了用灯焰烧灼食盐的实验。得出了关于热辐射的定律：在热平衡状态的物体所辐射的能量与吸收率之比与物体本身物性无关，只与波长和温度有关。物体的热辐射本领与波长的关系如图 6-19 所示。

基尔霍夫定律指明了"物体发射的热能只和温度和波长有关"。物体表面温度如果超过绝对零度即会辐射出电磁波，随着物体温度的变化，电磁波的辐射强度与波长分布特性也随之改变，其中在包括 $2\sim2.6\mu m$，$3\sim6\mu m$ 和 $8\sim14\mu m$ 波长的大气红外窗口，物体的热辐射穿透性最好。而人类视觉可见的"可见光"波长为 $0.4\sim0.75\mu m$。物体辐射的大气透射光谱如图 6-20 所示。

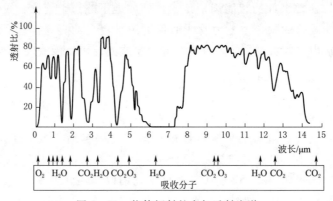

图 6-20 物体辐射的大气透射光谱

在自然界中，一切物体都可以辐射红外线。由于红外线对极大部分固体及液体物质的穿透能力极差，因此红外热成像检测是以测量物体表面的红外线辐射能量为主。利用红外线传感器分别接收测定目标本身热辐射值分布和背景热辐射值分布，通过计算得出测定目标与背景之间的红外线差值的分布（类似黑白照片的灰度），即可得到不同的红外图像。因此，热红外线形成的图像又被称为热图。

红外成像应用场景：红外热成像视觉感知技术就是利用热辐射最好的红外"大气窗口"实现对物体温度的感知探测。由于掺锗的玻璃在 $2\sim16\mu m$ 波段具有很好的红外透光性能，电力行业为了提高巡检机器人红外热成像仪测温效果，也改换锗玻璃的开关柜观察窗。

红外热像仪属于被动成像设备，不需要任何光源照射就可以准确成像，可以不受光线影响。由于红外线波长较长，因此具有"透烟透雾"特性。红外热像仪能更好地实现恶劣环境下的监控和识别。

红外成像感知技术，既可以通过不同物体的温差来识别监视，如利用水与环境的温差，红外热像仪可以对水库堤坝实现在雨、雪、烟、雾、霾等恶劣天气下全天候渗漏点识别；也可在温度相同的条件下，利用物体的不同辐射率来识别监视。通过对红外吸收光谱的指纹库的建立，就可以在线定位监测如 SF_6 等工业危险气体的泄漏情况。常见物体发射率见表 6-1。

表 6 - 1   常 见 物 体 发 射 率

物质	发射率	物质	发射率
铝	0.3	铁	0.7
石棉	0.95	铅	0.5
沥青	0.95	石灰石	0.98
玄武岩	0.7	油	0.94
黄铜	0.5	油漆	0.93
砖	0.9	纸	0.95
碳	0.85	塑料	0.95
陶瓷	0.95	橡胶	0.95
混凝土	0.95	砂	0.9
铜	0.95	皮肤	0.98
油泥	0.94	雪	0.9
冷冻食品	0.9	钢	0.8
热食品	0.93	织品	0.94
玻璃（板）	0.85	水	0.93
冰	0.98	木	0.94

2. 紫外成像技术

技术原理：紫外辐射又称紫外线，位于可见光短波外侧，通常指波长为 1～380nm 的电磁辐射，在实际应用中可把紫外辐射分为四个波段：长波紫外线，波长范围 320～380nm，有时也称这个范围的紫外线为近紫外。中波紫外线，波长范围 280～320nm，普通照相镜头吸收中波紫外线。短波紫外线，波长范围 200～280nm，有时被称为远紫外线，普通光学玻璃和明胶强烈吸收短波紫外线。短波紫外也是所谓的"日盲"区（即大气层中的臭氧对 200～280nm 波段紫外光的几乎完全吸收，受此影响这部分紫外光无法到达地球表面，因此 240～280nm 这一波段被称为目盲波段。工作在此波段的探测器的背景非常微弱而干净）。真空紫外线，波长范围 10～200nm，它只能在真空中传播，由于目前的照相镜头对真空紫外线的透过率很低，但其能量高，是当今集成硅工艺中光刻加工不可缺少的手段。但由于一般玻璃不透紫外辐射，要透过波长长于 180nm 的紫外线，光窗必须用石英或蓝宝石；要透过短于 180nm 的紫外线，光窗一般用 LiF、MgF 等材料。

紫外成像应用场景：因为紫外图像中带有可见光谱中没有的光波信息，利用该技术可以观察到许多用传统光学仪器观察不到的物理、化学、生物现象。如在长波、中波及短波紫外区，太阳、高温黑体、电晕放电、弧光放电、等离子体、氢气等气体燃烧都是不同形态的紫外辐射源。因此紫外成像与紫外光探测，也是电力行业光学监测重要图像的技术手段。

在高电压作用下产生的电晕、电弧放电会产生淡蓝色或紫色的火光，通过光谱分析表明放电时辐射的光谱的波长范围为 230～400nm，其中 240～280nm 的光谱为特有的日盲信号，因此紫外成像仪可以在阳光下探测到微弱电晕的放电信号。阳光下探测到微弱电晕放电紫外线信号分析如图 6 - 21 所示。

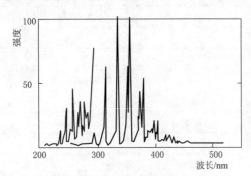

图 6 - 21　阳光下探测到微弱电晕
放电紫外线信号分析图

研究现状：由于光感材料和技术路线的差别，在视觉图像三大成像光谱中，每种光谱成像器件只能提供单一光谱的图像信息，带来极大的使用局限性。其中，可见光成像视觉感知技术具备以极高清晰度和极低成本（百千元级）提供视觉目标的外观形貌特征的优势特点，但无法通过可见光视觉发现目标物体的温度变化，也无法感知目标物体的微细电晕闪络荧光。红外光成像视觉感知技术具备以极高精度提供视觉目标表面温度的特征。但为了实现对目标物体温度分布的精确定位，必须以数万甚至数十万的代价来提高红外光成像视觉感知器的图像分辨率。而紫外光成像视觉感知技术具备提供视觉目标的荧光特征，但无法探测到目标物体的温度状态，也难以精确定位荧光信号在目标物体上的具体位置。

因此，鉴于视觉图像三大光谱成像的视觉感知特点，通过智能图像融合技术，就可以实现各类光谱图像技术优势的互补，以更好的性价比，体现图像光学传感器的技术优势。

以电力巡检为例，传统的方式需要使用多种设备来获取不同光谱的图像进行故障分析，而分立的不同波段图像无法帮助运维人员快速定位发生故障的位置和原因，给运维人员的排障带来很大的不便。随着大数据时代的到来，人们通过机器视觉所获取的数字图像处理能力有了质的飞跃，从最初的满足目视需求快速发展到现今的人工智能图像特征精确提取分类，越多的图像维度越能够提供更多的图像特征，因此图像信息的多维度化成为机器视觉成像发展的重要指导方向，行业对机器视觉成像需求从获取单一光谱图像不断地向多波段融合成像快速发展。

（1）可见光谱与红外光谱的双光融合监测研究。由于红外热成像的成像原理导致热成像只能显示物体的基本轮廓，无法识别物体外形特征。当把低成本的 4K 高清可见光成像感知图像与低成本的民用级低像素红外成像感知图像实现双光融合成像，即可达到高性价比的工业级红外成像效果。红外与可见光融合成像效果如图 6 - 22 所示。

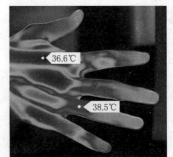

图 6 - 22　红外与可见光融合
成像效果

若将红外热成像和低照度可见光成像双光图像结合，通过多光谱图像融合技术，结合 AI 图像识别技术，同时监测目标体温和人脸识别，就可在昼夜和不同的天气环境下，实现用于安防、支付等场景的活体人脸识别。

（2）紫外光、红外光与可见光的三光成像融合研究。由于紫外光谱可以发现电力设施早期无温升的间歇式电晕和闪络缺陷荧光，红外光谱可以发现电力设施隐患中期的温升特征，可见光谱可以清晰地发现电力设施故障产生的外形破损。因此，通过紫外光谱、红外光谱与可见光谱的三光融合，可以更好地在线监测电力设施的健康运行状态。电力行业中红外光谱检测与紫外光谱检测的特点比较见表 6-2。

表 6-2   红外光谱检测与紫外光谱检测的特点比较

紫外光谱	红外光谱
检测电晕或电弧所发射的紫外光	测量温度，寻找不正常的发热情况
与电压有关	与电流有关
不需要加载	需要加载
不受太阳影响	受强烈阳光影响
一般可检测出缺陷劣化前期现象	往往检测缺陷后期的现象

对紫外辐射成像探测，并与可见光图像融合，可收到单一成像无法达到的效果。采用紫外/可见成像双路光谱图像合成技术，将日盲紫外通道用于电晕信号的探测，可见光通道的场景图像用于放电位置的精确定位，两路图像合成在同一个画面上，这样既能够探测到电晕放电的产生，又能进行精确的定位，便于故障的排除。

在电力杆塔线路的同一场景，分别采用紫外可见双光谱检测，和采用红外可见双光谱检测成像图；人眼可以分辨视觉感知到的同一场景下不同光谱成像所显示出不同位置发生的不同缺陷图像效果，如图 6-23 所示。

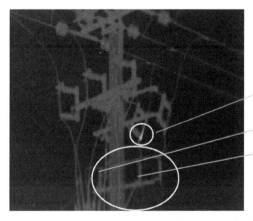

图 6-23　紫外可见双光谱图像与红外可见双光谱图像

因此，将可见光与红外、紫外光谱成像技术进行三光融合，可以具备如下特点：

1）图像清晰直观，便于可视化 AI 识别。

2）可见光视频摄像设备技术发展快、图像分辨率极高、成本比同等分辨率的其他光谱成像设备极低，具有极高的图像视觉感知技术性价比。

3）通过与其他光谱成像设备的图像数据融合，就可提高其他低分辨率光谱成像的分辨率，可实现可见光谱的设备开关位置及外观状态图像，同时精确定位红外光谱成像的温度分布点位、紫外光谱成像的放电分布点位。

4）以较好的性价比实现高新性能全光谱的图像视觉监测。

6.3 声学传感技术

6.3.1 可听声波传感技术

技术原理：声波传感器是指可将在气体、液体或固体中传播的机械振动转换成电信号的一类器件或装置，这种装置既可以测试出声波的强度，也能检测出声波的波形，可按照检测的频率分为可听声波传感器、超声波传感器等。可听声波指的是人耳可以听见的一类声波，频率范围为 $20Hz \sim 20kHz$，根据测量原理的不同可分为压电型声波传感器、静电型声波传感器和电磁型声波传感器等。声波传感器的结构图如图 6-24 所示。

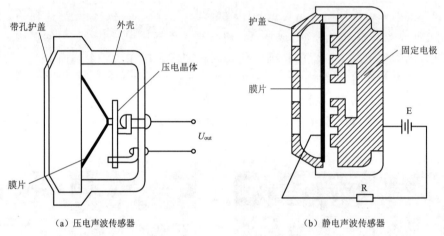

（a）压电声波传感器　　　　　　　　　　　　　（b）静电声波传感器

图 6-24　声波传感器的结构图

压电型声波传感器是根据压电晶体的压电效应制成的传感器，当膜片受到声压作用时，可带动压电晶体产生相应振动，继而产生随声压大小变化而变化的电压，实现声电转换。静电型声波传感器是通过电极构成的可变电容实现声波检测的传感器，一般由金属膜片、固定电极和护盖等组成；金属膜片是一种质量很轻且弹性很好的电极，与固定电极组成一个间距很小的可变电容器，膜片在声波作用下时发生振动，通过与固定电极的间距变化引起电容量的变化。电磁型声波传感器是振动膜片受声波作用时，带动线圈切割磁力线产生感应电动势，实现声电转换。目前在电力行业研究和应用较多的声波传感器多为压电型声波传感器。

研究现状：国内基于振动的可听声波传感起步较晚，20 世纪初才逐渐受到关注并发展起来。目前的主要研究集中在可听声波信号处理、声波传感器灵敏度提升、硬件电路设计、振动函数模型建立、振动定位策略以及声波信号中的噪声干扰去除方法。其中在声波信号的处理中主要包括对声波信号的时域提取和频域分析，以及声波传输衰减特征的分析，同时分析正常振动和异常振动的信号传播规律特征；传感器的灵敏度则多通过压电晶片的材料性能提升和传感器的结构优化来实现；硬件电路设计包括传感器发送端和接收端的硬件开发；环境噪音的降低和去除主要通过设计去噪电路或者通过追踪狗比对声波信号和噪声信号,进而有效筛出背景噪声。

攻关方向:目前可听声波传感技术的检测准确度并不高,振动的检测系统并不完善,还需要通过各种技术的改进实现可听声波传感器综合性能的提升。主要是结合试验研究、理论分析及数值模拟方法改进数据采集和信号处理电路,开发适用于现场工况环境且有效的去噪电路和算法,并针对测试对象建立统一完善的性能评价指标体系和表征方法。另外,为了实现异常振动(故障点)的定位还应发展声成像技术,以结合视频信号实现故障的实时定位。

应用场景:

(1)电力设备的异响和异常振动检测。当电力设备出现螺栓松动潜在故障、开关轴承异常时会发生异常振动,影响设备的正常运作,降低设备的工作精度,并诱发设备元件疲劳破坏,从而影响到系统的可靠性以及操作人员的生命安全。因而可通过检测设备的异常振动来判断电力设备的潜在故障。

(2)管道泄漏检测。当管道内流体(冷却水、绝缘油等)发生泄漏时,由于管内外的压力差,流体通过泄漏点向外喷射形成声源,声源向外辐射能量形成声波,通过对传感器采集到的泄漏声波信号进行数据分析处理,判断是否泄漏并进行定位。

6.3.2 超声波传感技术

技术原理:超声波是频率超过 20kHz 的声波,相对于可听声波而言,具有波长较短、衍射较小、方向性较好、穿透能力较强、反射性能良好、探测距离远、定位精度高、能量巨大(频率为 1MHz 的超声波能量比同幅度声波能量大 100 万倍)的优点。因而可通过超声波传感技术获得故障检测、无损探伤、流速测量、厚度测量、超声成像等丰富的信息。

超声波传感器一般通过一种具有压电效应的晶体或者压电陶瓷来接收微弱的超声信号。压电效应具体来讲就是当压电晶体在某一方向受到外力时,其两个表面会产生与极性相反大小相等的电荷;在外力消失后,压电晶体恢复为不带电状态;当外力大小或者方向发生改变时,晶体两表面所产生的电荷也会成比例地发生变化的现象。利用这种压电效应把超声波转换成能够方便识别和处理的电信号,从而通过测试电信号反映对应探测的信息。超声传感器内部起核心作用的是压电晶体,它是超声波信号和电信号之间相互转换的桥梁纽带。

按超声波传感器在检测时,其是否与被测试表面接触可以划分为接触式超声波传感器和非接触式超声波传感器,非接触式传感器种的喇叭谐振器可提高灵敏度。超声波传感器的结构图如图 6-25 所示。

研究现状:目前的超声波传感器主要是进口产品,进口产品的峰值灵敏度接近 80dB,而国产产品的通常低于 70dB。现有的主要研究集中在超声波传感器的灵敏度提升、频率调控、相应的超声波电路的设计(包括发射电路、接收电路、测距电路等)、抗干扰能力的加强和超声定位功能的研究。除此而外,针对超声波传感器质量的良莠不齐,在传感器标准化方面国内外也进行了一定程度规范,但还需要进一步完善,超声波传感器检测规范、可溯源的校准方法和检测装置尚未完全建立,这在一定程度上限制了超声波传感器在电力领域上的进一步发展。

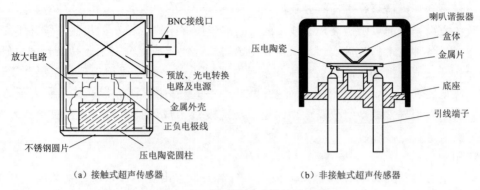

图 6-25　超声波传感器的结构图

攻关方向：

（1）抗干扰技术。由于超声波采集的是声音信号，在现场有很多其他高压设备也会产生超声信号，要获取不受干扰的局放信号难度颇高，需设计滤波电路和放大电路。

（2）缺陷定位技术。目前的超声波传感器大多是定性判断电力设备内部有无放电，而没有定位功能，少部分具有一定的定位功能，但是定位不够准确，需要通过优化算法和改进超声波探头结构来提高缺陷定位技术。

（3）频带调控技术。由于现有国内外产品均非针对电力设备（变压器、GIS 局部放电等）的超声波信号特征开发，传感器的检测频率与电力设备不匹配，导致灵敏度难以满足更高的检测需求，需要根据实际应用场景调整超声波传感器的检测频带，研制定制化的传感器。

（4）超声成像技术。传统超声检测技术需要依靠人耳倾听，易受人员经验影响。为了对电力设备的局部放电或异响进行准确定位，可设计传感器阵列及相应的算法，通过将阵列中各个单元引入不同的延时，再合成为一聚焦波束，以实现对声场各点的成像，继而配合视频信号显示出故障位置，提升检测装置的信息化水平和缺陷辨识可靠性。

应用场景：

（1）局部放电检测。超声波传感器检测局部放电具有可以在线监测、不影响设备运行、价格便宜等优点，可用来在线监测站域空间的多种电力设备局部放电，例如 GIS、变压器、高压开关柜、架空线路等。

（2）无损检测。利用传感器接收到反射波、散射波，再通过算法进行处理，根据接收到波形的特征，评估被测部位是否存在缺陷，可用超声波无损检测技术检测机电设备中的焊接类部位、铸造类部位或锻造类部位。

6.4　MEMS 传感技术

6.4.1　磁传感技术

技术原理：磁传感技术是把磁场、电流、应力应变、温度、光等外界因素引起的敏感元件磁性能变化转换成电信号，以这种方式来检测相应物理量的技术。磁传感器广泛用于现代工业、汽车和电子产品中，以感应磁场强度来测量电流、位置、角度、速度等物理参数。磁传感技术包括：霍尔传感技术、各向异性磁电阻 AMR 传感技术、巨磁电阻 GMR 传感技术及隧道磁电阻 TMR 传感技术。由于科学技术的不断进步和信息技术的不断发展，智能电网对磁传感器的热稳定性、灵敏度与功耗等硬件属性提出了更高的要求。电网中应用的磁传感器大多都是根据霍尔效应、磁电阻效应与电磁感应原理设计的。磁电阻传感器具有较小的体积、更低的功耗、更高的灵敏度与容易集成等特点，因此基于磁电阻效应的传感器正在逐步取代传统的传感器。磁传感技术类型如图 6-26 所示。

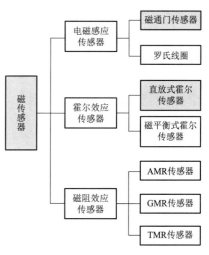

图 6-26　磁传感技术类型

　　（1）霍尔元件是集成霍尔效益片的磁性敏感元件。有平面霍尔，也有垂直霍尔。以霍尔元件为敏感元件的磁传感器通常使用聚磁环结构来放大磁场，提高霍尔输出灵敏度，从而增加了传感器的体积和重量，同时霍尔元件的功耗偏大，是 mA 级别的。给霍尔元件施加一个偏置电流 I_C，当被测电流产生的磁场 B 垂直穿过霍尔元件表面时，就会在元件的另外两侧形成一个电势差 U_H，即霍尔电动势，其矢量方向垂直与 I 和 B 所确定的平面，大小与 I_C 和 B 的乘积成正比例，通过分析计算可知，当偏置电流一定时，输出的霍尔电压的大小与被测电流的大小呈线性关系，通过测量霍尔电压的大小就能够达到测量电流的目的。霍尔效应原理图如图 6-27 所示。

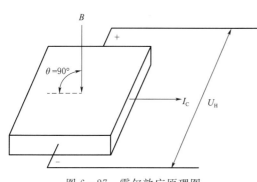

图 6-27　霍尔效应原理图

　　（2）AMR 效应是指材料的电阻率在外加磁场的方向不同时，电阻变化也不同的现象。AMR 传感器由沉积在硅片上的坡莫合金（NiFe）薄膜组成磁电阻，并且沉积时外加磁场，以便在材料中确定一个首选磁化轴 M_0，使其具有各向异性。为了获得在外部磁场的强度和相应的电阻变化之间的线性响应，传感器的供电电流必须以 $\theta = 45°$ 角度与磁化轴 M_0 相交。当施加一个偏置磁场 H 在电桥上时，两个相对放置的电阻的磁化方向就会朝着电流方向转动，这两个电阻的阻值会增加；而另外两个相对放置的电阻的磁化方向会朝与电流相反的方向转动，该两个电阻的阻值则减少。通过测试电桥的两输出端输出的差电压信号，可以得到外界磁场值。

　　（3）巨磁电阻 GMR 元件与 AMR 元件的结构不同，它由中间带隔离层的两层铁磁体组成。GMR 相对于 AMR 有更好的灵敏度，且磁场工作范围更宽。GMR 效应来自载流电子的不同自旋状态与磁场的不同作用，因而导致电阻值的变化。这种效应只有在 nm 尺度的薄膜结构中才能观测出来。这种效应还可以调整以适应各种不同的性能需要。GMR

磁传感器原理如图 6-28 所示。

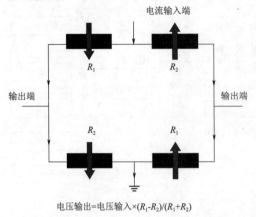

电压输出=电压输入×$(R_1-R_2)/(R_1+R_2)$

图 6-28　GMR 磁传感器原理

GMR 传感器将四个 GMR 构成惠斯登电桥结构，该结构可以减少外界环境对传感器输出稳定性的影响，增加传感器灵敏度。工作时图 6-28 中电流输入端接 5～20V 的稳压电压，输出端在外磁场作用下即输出电压信号。

（4）TMR 效应基于电子的自旋效应，在磁性钉扎层和磁性自由层中间间隔有绝缘体或半导体的非磁层磁性多层膜结构，由于在磁性钉扎层和磁性自由层之间的电流通过基于电子的隧穿效应，因此这一多层膜结构称为磁性隧道结（magnetic tuunel junction，MTJ），如图 6-29（a）所示。当磁性自由层在外场作用下，其磁化强度方向改变，而钉扎层的磁化方向不变，此时两个磁性层的磁化强度相对取向发生改变，则可在横跨绝缘层的磁性隧道结上观测到大的电阻变化，这一物理效应正是基于电子在绝缘层的隧穿效应，因此将其称为隧道磁电阻效应。因此可以认为 TMR 传感器就是一个电阻，只是 TMR 传感器的电阻值随外加磁场值的变化发生改变。在理想状态下，磁电阻 R 随外场 H 的变化是完美的线性关系，同时没有磁滞。理想情况下的 TMR 元件的响应曲线如图 6-29（b）所示。

（a）MTJ内部结构

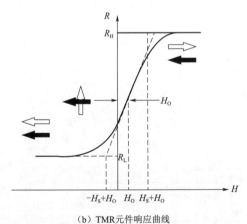

（b）TMR元件响应曲线

图 6-29　TMR 技术原理

研究现状：磁传感器无所不在、尺寸小巧且价格合理，可以轻松地和其他电路一同集成到芯片上，因此，磁传感器被人们广泛用于各种领域。AMR 传感器在材料成分、器件结构及外围电路等方面的研究已经比较成熟，这使其被广泛应用于磁场测量、航海、探测等许多领域。目前问世的产品中主要有美国的 HMC 与 SM35 系列的 AMR 传感器，日本的 MRMS 系列 AMR 元器件以及我国香港的 MRX1518H 系列等。

　　随着人们对 GMR 效应深入地研究和开发利用，一门以研究电子自旋作用为主同时开发相关特殊用途器件的新学科——自旋子学逐渐兴起起来。最近，美国自然科学基金会提出：自旋子学科的发展及应用将预示着第四次工业革命的到来。通过香山科学会议，我国制订了 GMR 高技术研究开发计划，并把 GMR 效应的研究及应用开发列为我国将要重点发展的七个领域之一。但是由于技术、资金及设备等诸多因素，GMR 的研究在国内还局限于实验室的水平。

　　随着对 GMR 效应研究的深入，TMR 效应开始引起人们的重视。尽管金属多层膜可以产生很高的 GMR 值，但强反铁磁耦合效应导致的饱和场很高，磁场灵敏度很小，从而限制了 GMR 效应的实际应用。MTJs 两铁磁层间不存在或基本不存在层间耦合，只需要一个很小的外磁场即可将其中一个铁磁层的磁化方向反向，从而实现隧穿电阻的巨大变化，故 MTJs 较金属多层膜具有高得多的磁场灵敏度。同时，MTJs 这种结构本身电阻率很高、能耗小、性能稳定。因此，MTJs 无论是作为读出磁头、各类传感器，还是作为磁随机存储器（MRAM），都具有无与伦比的优点，其应用前景十分看好，引起世界各研究组织的高度重视。

　　目前，高密度、大容量和小型化已成为计算机存储的必然趋势。20 世纪 90 年代初，磁电阻型读出磁头在硬磁盘驱动器中的应用，大大促进了硬磁盘驱动器性能的提高，使其面记录密度达到了 Gb/in^2 的量级。十几年来，磁电阻磁头已从当初的各向异性磁电阻磁头发展为 GMR 磁头和 TMR 磁头。TMR 磁头材料的主要优点是磁电阻比和磁场灵敏度均高于 GMR 磁头，而且其几何结构属于电流垂直于膜面（CPP）型，适合于超薄的缝隙间隔。磁传感器性能对比见表 6-3。磁传感器应用局限性见表 6-4。

表 6-3　　　　　　　　　　　　　磁 传 感 器 性 能 对 比

传感类型		测直流	测量范围	精度/%	灵敏度	温漂/（ppm/K）	体积	价格
磁通门		能	1A～10kA	0.001～0.5	高	＜50	大	高
罗氏线圈		否	0.1A～100kA	0.2～5	低	50～300	小	低
霍尔传感器	直放式	能	10mA～10kA	0.5～5	低	50～1000	小	低
	磁平衡式	能						
磁阻效应传感器	AMR	能	1mA～10kA	0.5～10	较高	100～1000	微小	低
	GMR	能						
	TMR	能						

表 6-4　　　　　　　　　　　　　磁传感器应用局限性

传感类型	应 用 局 限 性
磁通门	①可能会有电压噪声反馈到被测原边电流上；②控制电路复杂；③次级线圈的分布电容影响电流传感器的测量带宽
罗氏线圈	①原边电流排的位置影响测量精度；②由于灵敏度低，不适宜测量小电流；③副边线圈的分布电容影响测量带宽
霍尔传感器	①高频交流电流会使磁芯过热大的尖峰电流或者过流，会增大磁失调，需要消磁；②霍尔固有的温漂使产品设计时需做温度补偿

续表

传感类型		应 用 局 限 性
磁阻效应传感器	AMR	①强磁干扰下灵敏度低；②受温度影响大
	GMR	高频电流会使磁芯过热影响测量精度
	TMR	①对外磁场敏感，影响了其精度及可靠性；②TMR自身元件产生的噪声也会影响其测量结果

攻关方向：磁传感技术在测量速度、位置、电流以及无损检测和条件监测等工业应用中起着重要的作用。由于科学技术的不断进步和信息技术的不断发展，智能电网对磁传感器的热稳定性、灵敏度与功耗等硬件属性提出了更高的要求。

（1）高灵敏度。被检测信号的强度越来越弱，这就要求磁性传感器灵敏度有极大提高。应用方面包括电流传感器、角度传感器、齿轮传感器、太空环境测量。

（2）温度稳定性。更多的应用领域使传感器的工作环境越来越严酷，这就要求磁传感器必须具有很好的温度稳定性。

（3）抗干扰性。很多领域里传感器的使用环境没有任何屏蔽，就要求传感器本身具有很好的抗干扰性。包括汽车电子、水表等。

（4）小型化、集成化、智能。这些需求需要芯片级的集成、模块级的集成、产品级的集成。

（5）高频特性。随着应用领域的推广，要求传感器的工作频率越来越高。

应用场景：磁场传感在测量速度、位置、电流和无损检测和条件监测等工业应用中起着重要的作用。由于科学技术的不断进步和信息技术的不断发展，智能电网对磁传感器的热稳定性、灵敏度与功耗等硬件属性提出了更高的要求。磁电阻传感器具有较小的体积、更低的功耗、更高的灵敏度与容易集成等特点，因此基于磁阻效应的传感器正在逐步取代传统的传感器。磁传感器应用的一大特点是无接触测量。未来电网的发展有必要研究和研制基于磁电阻的电力系统电流传感器。基于磁电阻的电流传感器在电流测量领域将占有越来越大的比重，而且采用磁电阻设计电流传感器的技术方案也是最符合微型智能电流传感器技术要求的方案。

6.4.2 振动传感技术

技术原理：微机电系统（micro electro - mechanical system，MEMS）技术是指可批量生产的，集微传感器、微执行器、微运动机构、信号探测电路以及控制执行电路，甚至集电源、接口和通信于一体的微型制造工艺。MEMS 技术具有集成程度高、微型化突出、制造成本低和适宜大批量生产的特点，采用该技术设计制造的各种传感器件，尺寸量级小，内部缺陷少，材料强度、耐冲击性和可承受冲击的性能也大为提高。振动传感技术按所测机械量分为位移传感、速度传感、加速度传感、力传感、应变传感、扭振传感、扭矩传感等。

加速度传感器是最常用的振动传感器之一，在电力、汽车工业、运动领域具有广泛的应用，按照 MEMS 加速度传感器的工作原理，可以将其分为压阻式、压电式、电容式、隧道式、谐振式、电磁式、热电耦式、光学式、电感式等类型。下述是几种典型且应用较为广泛的加速度传感器原理介绍：

（1）MEMS 压阻式加速度传感器利用的基本原理是压阻效应，感应元件是敏感膜或者敏感梁等结构上制造的压敏电阻，其感应过程为：当物体产生运动时，加速度传感器内部的质量块会在惯性力的作用下产生上下运动，由于质量块由悬臂梁支撑，在运动质量块的牵引下，位于悬臂梁上的压敏电阻产生形变，电阻阻值发生改变，从而导致在惠斯通电桥电路中产生微小的波动电压，惠斯通电桥的输出信号通过读出电路后被放大，通过标定规则可以算出对应的加速度大小，加速度的变化趋势反映了目标的运动方向。

（2）MEMS 电容式加速度传感器是利用电容的变化测试加速度变化，一般由敏感结构和固定机构组成，构成一个电容可变的动态电容器，当加速度发生变化时，敏感结构与固定机构之间的电容量也随之发生变化，通过外围的检测电路就可以测试出这种变化量，根据加速度标定，就可以间接地测量出物体真实加速度的数值。

（3）MEMS 隧道式加速度传感器的基本原理是利用隧道效应研究位移与隧道电流的变化进行加速度测量。在室温下，当两个电极间的距离非常接近时，电场的电压不断增强，当减小到足够小时，金属电极间的电子会主动发生穿透，此时会产生隧道电流。当受到惯性力作用时，敏感块产生位移，电极间的距离会发生变化，通过测出电流的数值就可以计算出外部加速度的大小。

（4）MEMS 谐振式加速度传感器是利用频率信号来进行测量，谐振梁是该加速度传感器的核心器件，当物体有加速度输出时，惯性力带动质量块发生振动，谐振梁在质量块的带动下发生形变，固有频率发生变化，通过检测这个过程中的谐振频率，计算出激励量，获得加速度的大小。

研究现状：在电力系统应用中机械传感器的劣势逐渐明显，作为 MEMS 技术的重要分支，MEMS 传感器将逐步取代其地位，与传统传感器相比，它在减小体积、降低成本、减轻质量、提高可靠性、便于集成并适用于批量化制造等方面的优点比较突出，受到各个行业的高度重视。加速度传感器在机械设备监测、桥梁、高铁、军事等领域都有广泛成熟的应用，在电网领域，MEMS 加速度传感器在电力设备振动监测方面也已经有了相关的应用研究。但是由于电力设备较为特殊的应用环境，对传感器的自供能、灵敏度、抗电磁干扰性以及可靠性都有极高的要求，因此，还需要大量的应用技术研究，开发适用于不同监测环境的 MEMS 加速度传感器。

在自供能方向上，中国科学院上海微系统与信息技术研究所基于摩擦电效应研究开发了自供能加速度传感器，其工作模式不同于普通的触点分离模式，当传感器工作时，摩擦电材料一直相互接触，但是接触面积变化。由于有效利用重叠区域，不需要额外的空间即可实现摩擦电材料的接触分离，从而可以减小传感器体积。由于采用柔性材料及 MEMS 工艺加工制作，整个传感器不仅不需外界能源实现自供电，而且不用任何保护结构即可以承受 15000g 加速度的冲击。自供能加速度传感器的工作机制如图 6 - 30 所示。

攻关方向：加速度传感器不仅包括将物理信号转换为数字信号的组件，还包括电源以驱动整个传感器系统。利用 MEMS 技术，传感器的尺寸可以最小化，但是，使用外部电源会降低固有的小型化带来的优势。此外，MEMS 传感器的基本材料是硅，从而限制了抗机械冲击的能力。因此针对电容器、变压器、超导设备等电网关键设备设施的振动测量，需要实现低成本、高可靠、微型化、现场无源的传感器件设计，是未来电力专用振动传感技术的发展和攻关方向。

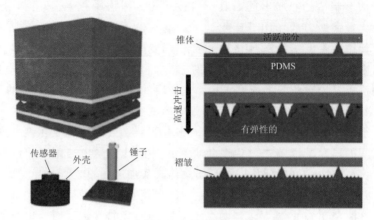

图 6-30 自供能加速度传感器的工作机制

应用场景：我国电网加速建设，智能化水平不断提高，当前依靠人工巡检的方式仍是主流，但电力设备繁多，运维难度大，人工巡检在时间和效率上难以满足要求，缺乏高效可靠的监测检测手段，应对安全风险的监测能力不足，对运维工作提出了巨大挑战。

MEMS 传感技术融合物联网、5G 等通信技术，可实现对电力关键设备的全时间、全空间智能感知，通过数据的全面采集，实现电力设备数字化，进而向智能化方向发展。由于电力设备的特殊性，传统的电子传感器难以匹配电力监测的需求，因此研究开发适用于电力设备、电力运行环境监测的高性能专用传感器具有重要意义。通过数字化电力设备，可解放人力，提升运维效率，并长期稳定地获取一线运行数据，在此基础上结合边缘计算、人工智能、大数据分析等技术，实现状态监测、故障识别、故障预警的智能化运维系统，全面提升电网的智能化水平，提高电网运行的可靠性。

6.4.3 温度传感技术

技术原理：温度传感器是一种利用温度敏感元件和转换电路实现温度测量的传感器件。根据温度测量方法不同，温度传感器可分为接触式和非接触式两种。接触式即感温元件与被测对象直接接触，进行热量交换，如热电偶、热敏电阻、半导体温度传感器等；非接触式即通过测量一定距离处被测物体发出的热辐射强度来确定被测物的温度，如热红外辐射、热电堆温度传感器。

MEMS 温度传感器与传统的温度传感器相比，具有体积小、重量轻、成本低、功耗低、可靠性高、适于批量化生产、易于集成和实现智能化的特点。它正在许多应用领域取代传统的传感器。

目前应用较多的接触式 MEMS 温度传感器有晶体谐振式温度传感器，其原理如图 6-31 所示，是基于石英晶体谐振器对温度的热敏感性，利用谐振频率随温度变化而产生频率偏移的特性进行温度测量。谐振式 MEMS 温度传感器的工作原理示意图如图 6-31

所示，利用压电材料的逆压电效应，当给压电体施加交变电场激励时，压电体便在逆压电效应的作用下产生机械振动而形成一个压电振子。谐振频率是压电振子最重要的特性参数之一，当作用于压电振子的外界参量即温度改变时，其谐振频率也会发生改变，基于温度 - 频率特性实现温度测量。

典型的非接触式 MEMS 温度传感器有红外热电堆温度传感器，内部基本结构示意及传感器实物图如图 6 - 32 所示，是由多对热电偶相互串联起来形成的，其工作原理与热电偶相似。热电偶两端由两种不同材料组成，当一端接触热端、一端接触冷端时，由于 see-beck 效应在两种不同材料之间会产生一个电势差，利用电势差的大小与两种不同材料之间的温度差关系进行测温。即热电堆温度传感器将一系列热电偶串联在一起，提高传感器的探测灵敏度。

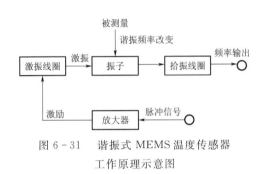

图 6 - 31　谐振式 MEMS 温度传感器
工作原理示意图

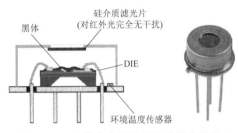

图 6 - 32　红外热电堆温度传感器内部基本
结构示意及传感器实物图

研究现状：MEMS 温度传感器在汽车空调温度、环境温度、人体温度、工业设备温度检测等领域已有较成熟的研究应用，在电缆接头、电气设备测温方面的研究应用也积累了大量经验。在电网领域，由于电气设备电磁环境恶劣、安装空间受限且监测量大，大大降低了普通电子式温度传感器的可靠性、使用性。随着物联网技术的发展，使得具有高集成度、体积小、低成本、低功耗、高可靠的 MEMS 温度传感器在电力监测、检测中的应用成为可能。目前，电力设备温度在线监测方面有利用 SAW 声表面波温度传感器实现开关柜内部电缆接头温度监测，有采用红外测温枪实现设备表面温度检测等。而利用 MEMS 温度传感器实现电力设施温度在线监测的应用较少，有开展 MEMS 温度传感器集成无线通信模块实时监测电缆接头、电力设备温度的相关研究，但典型应用少，在传感器灵敏度、稳定性等方面有待进一步提升。

攻关方向：针对 MEMS 温度传感器在电网设备状态在线监测中的应用，优化传感器材料与结构，开发高精度、高可靠的温度传感单元，在复杂运行工况下，实现电力设备温度传感器可靠工作；为满足智能电网的发展需要，基于物联网技术集成无线通信芯片，研究温度传感器信号传输技术，实现电力设备温度准确上传；开展电力设备温度传感器芯片化集成设计、封装研究，提升传感器抗干扰能力；针对不同电力设备的不同监测需求，设计温度传感器结构，以满足不同需求，提升温度传感器的实用性和安装便利性；解决 MEMS 温度传感器在电力设备状态监测应用中的可靠性及实际应用有效性，是未来实现 MEMS 温度传感技术在电网应用的研究热点和攻关方向。

应用场景：电力设备所处环境复杂，运行状况受多方因素影响，极易导致设备故障。

且电网输变配电设施众多，尤其是电缆接头、接续金具、各种开关、变压器等设备众多，极大地增加了运维难度与工作量，常规的人工巡检方式难以满足及时性、准确性的需求。因此，亟待有效的监测手段实现大量设备的状态感知。而温度的升降反映了设备运行状态和许多物理特征的变化，电气设备运行异常或故障通常表现出温度的异常变化。因此，可将 MEMS 温度传感技术应用于输变电设备温度状态监测中，MEMS 温度传感器具有高集成度、低功耗、低成本、小体积、高可靠、高精度的特点，可实现输变配电大量电力设施温度状态的同时监测与异常预警，及时发现设备异常，排除安全隐患，对保障电力设备的安全稳定运行具有重要意义。同时，可对电力设备所处环境的温度进行实时监测，提升电网防灾减灾水平。

6.5 传感器自取能技术

6.5.1 电场取能技术

技术原理：电场取能技术主要利用电容分压方法来收集并利用交流输电线路周围的电场能。其通过电容-电容、电容-电感（变压器）等串联分压组合实现了高电压向可被监测设备利用的低电压的转化。其产生的交流电压在经过整流、滤波、稳压、DC－DC 电压变换等处理后可被作为稳定的、能提供较大供电功率的直流电源使用。电场取能技术原理示意图如图 6－33 所示，其中负载包括了整流、滤波、稳压以及直流变压电路等结构。

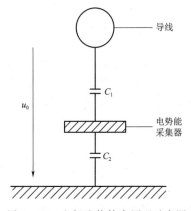

图 6-33　电场取能技术原理示意图

研究现状：电场取能技术是一种只适用于电网环境的取能技术，目前的研究、实验和应用都集中在交流输电线路的取能上；直流线路电场取能技术仍是空白。对于交流输电线路的取能，国内、外都有深入的研究和成功的应用实例。例如河南省电力公司采用特制的高压线路电容器与电压互感器串联直接从 110kV 高压导线上获取电能，输出功率可达 100 W。诸多研究中，虽然有些对于取电设备的安全性要求苛刻，但大多设计得到了实验或实际运行结果的支撑，可靠程度较高；且不同设计可提供十毫瓦量级到百瓦量级不等的功率输出，可根据实际需要选择最优结构。

攻关方向：面向从架空线路取能并给各类在线监测设备（传感器）供能的应用场景，需要对输电线路周围合适的取能位置、高效的取能电容构造和高效的取能回路结构进行研究。攻关方向在于通过软件仿真、实地勘测等方式发现尽可能普遍适用于各类输电线路电场能采集的地点；研究高效、安全的电容分压器构造，提升绝缘表现及电场能收集效率；通过对于谐振方法等取能回路设计方法的研究来进一步提高取能效率。还可以从优化取能负载的角度入手来减轻取能装置的设计难度，即研究、设计集成度高、功耗低的集成传感装置和在线监测设备。另外，适用于直流输电线路的电场取能技术也是一个潜在的攻关方向。

应用场景：随着电网的发展对电网安全运行和供电可靠性要求的提高，电网在线监测也随之不断发展。在线监测项目包括机器人巡检、杆塔倾斜、微气象参数、线路弧垂、覆冰，导线温度等。这些监测设备（传感器等）既不能像传统的线路终端用户那样由配网直接供电，也不宜架设专用低压线路，因此比较可行的办法是在线取能。而由于利用自然能（如太阳能、风能）的取能方法通常需要电池的辅助来达到对设备稳定供电的要求，其稳定性、功率输出、制造及维护成本等开始难以满足越来越多的在线供电需求。

因此，诸如电场取能技术这样适应电网环境的在线取能技术将能成为未来各类在线监测设备的可靠供电保障。和许多取能技术相比，电场取能技术可以提供较大功率，从而满足一些在线监测设备较大的用电需求（如在线组网）。电场取能装置结构简单，一些设计更保有便于安装的特性；相比同样能提供大功率的电流取能技术，其优势在于更适于完成处于地电位（如接地的杆塔塔身和地线）的检测设备的供电任务。

6.5.2　电流取能技术

技术原理：电流取能技术，即利用母线式取能线圈或电流变换器直接从导线取电的技术。目前的研究和应用主要集中在对交流线路的在线取电上。经典导线电流取能技术原理示意图如图6-34所示，其通过电磁感应原理收集（高压）交流线路周围的磁场能，以交流电压的形式释放到二次侧；再通过对二次侧交流电压进行整流、滤波、稳压、DC-DC电压变换等处理，为后续取能负载提供稳定和符合需求的直流电压。

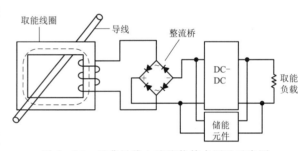

图6-34　经典导线电流取能技术原理示意图

这种取能方式没有太阳能等传统取能方式在输出功率、体积、成本等方面的问题，但是只能用于处于高电位（如导线）的设备供电，对于大多数处于地电位（如接地的杆塔塔身和地线）的检测装置则无能为力。

研究现状：电流取能技术是一种只适用于电网环境的取能技术，并且目前的研究、实验和应用都集中在交流输电线路的取能上；直流线路电流取能技术仍是空白。对于交流输电线路的取能，国内、外都有深入的研究和成功的应用实例。像重庆大学输配电装备及系统安全与新技术国家重点实验室开展了利用线圈从架空输电线路取能的项目，用于融冰装置中分裂导线切换开关的在线供电，已进入（试）运行阶段，可提供数十瓦乃至百瓦等级的功率输出。

攻关方向：面向从架空线路取能并给各类在线监测设备（传感器）供能的应用场景，研究给处于地电位的装置、设备供电的方法，解决电流取能技术受绝缘条件限制的问题；研究从（特）高压线路分裂导线子导线高效取能的方法，提升电流取能技术与高电压输电线路的兼容性，使之拥有更为广泛的应用范围和前景。或从其他角度寻求对这两个问题共同的潜在解决方案，即研发高集成度、低功耗的传感器和在线监测装置，主要攻关方向是集成传感器的研发和制造。另外，适用于直流输电线路的电流取能技术也将是一个重要的研发方向，这会对直流线路监测装置的研究和应用起到巨大的作用。

应用场景：随着电网的发展对电网安全运行和供电可靠性要求的提高，电网在线监测也随之不断发展。在线监测项目包括机器人巡检、杆塔倾斜、微气象参数、线路弧垂、覆冰，导线温度等。这些监测设备（传感器等）既不能像传统的线路终端用户那样由配网直接供电，也不宜架设专用低压线路，因此比较可行的办法是在线取能。而由于利用自然能（如太阳能、风能）的取能方法通常需要电池的辅助来达到对设备稳定供电的要求，其稳定性、功率输出、制造及维护成本等开始难以满足越来越多的在线供电需求。

因此，诸如电流取能技术这样适应电网环境的在线取能技术将能成为未来各类在线监测设备的可靠供电保障。和许多取能技术相比，电流取能技术可以提供的功率较大，能满足在线监测较大的用电需求（如在线组网）。但其主要应对的是高电位（导线）处监测设备的供能任务；而值得注意的是，他可以为巡线机器人提供电能。电流取能装置现场应用图如图 6-35 所示。

图 6-35　电流取能装置现场应用图

6.5.3　振动取能技术

技术原理：振动取能技术主要通过两种方式来实现机械振动动能向电能的转化，即正压电效应和电磁感应，正压电效应原理示意图如图 6-36 所示。正压电效应利用了压电材料机械形变时产生的极化现象；在连续振动下，压电材料极化的程度甚至方向会发生改变，进而形成一个与振动同频的交变电源。而电磁感应原理（图 6-37）则利用振动收集机构使磁体与线圈发生相对运动（以切割磁力线），从而产生交流电流。两种动能转化方法均需要整流、滤波、稳压、直流变压等电路的辅助。其输出功率相比电场和电流取能技术较小，工频下功率输出多集中在毫瓦量级，但可被应用在电网中电场、电磁能欠富集的地点。

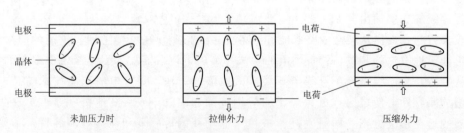

图 6-36　正压电效应原理示意图

研究现状：振动取能作为一项相对成熟的取能技术，已被广泛运用于各类无线系统中。其被视为太阳能等取能技术在一些特定工业环境下的最佳替代技术，可以有效地利用工业生产中各种优质的振动源，为取能负载提供安全、可靠的电能供应。虽然国内外对于振动取能装置的设计、应用和优化等均有大量深入翔实的研究，但对于其在电网环境下的应用研究，目前还处于空白阶段。

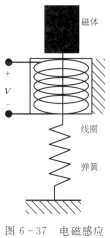

图 6-37 电磁感应原理示意图

攻关方向：面向为处于电网中电场、电磁能量欠富集地点的在线监测设备供能的应用，深入研究如何有效地利用变压器等设备因漏磁而产生的机械振动；优化振动收集机构并提升其在工频等常用工作频率下的能量收集效率，进而提升其电能输出功率；研究并设计集成度高、功耗小的集成传感器和监测设备以配合振动取能技术相对有限的功率输出量级；攻关融合或有效隔离振动监测装置和振动取能装置的方法，减小甚至避免装置间的相互干扰（串扰），简化设计。

应用场景：随着电网的发展对电网安全运行和供电可靠性要求的提高，电网在线监测也随之不断发展。除监测各类电力传输导线之外，监测电网中的变压器等设备也是电力系统在线监测的重要组成部分。当变压器出现各类问题或安全隐患时，其往往会产生不正常的振动，而若能收集利用好这些振动信息，不仅能帮助规避故障的升级，也能很好地辅助工程师对故障做出判断。因此，研发收集该类振动信息的传感器（设备）工作开始得到重视，而如何为这类装置（设备）提供电能则是其中一个重要课题。

变压器状态监测设备和输电线路的状态监测设备一样，不适宜通过架设专线的方法为其供电。而相比于导线和杆塔周围，变压器周围可供收集的电场能和磁场能往往比较有限；这意味着其对于电场、电流取能以外取能技术的需求。而作为能有效利用因变压器漏磁而产生机械振动的取能方法，振动取能将可能成为未来变压器在线监测设备可靠的供电支撑。其机构设计不复杂而且可以提供长期、稳定的电能；虽然机械机构的使用可能使其面临使用寿命的限制，但综合考虑，其运维成本依旧低于太阳能、风能等取能方式。由于其能提供的输出功率不及电场、电流等取能方式，振动取能技术应与低功耗的集成传感器结合使用，从而达到最佳的在线监测效果。

6.5.4 超级电容技术

技术原理：超级电容，又名化学电容，是通过极化电解质来储能的一种电化学元件。超级电容器结构上的具体细节依赖于对超级电容器的应用和使用。由于制造商或特定的应用需求，这些材料可能略有不同。但所有超级电容器的共性是他们都包含一个正极，一个负极，以及这两个电极之间的隔膜，电解液填补由这两个电极和隔膜分离出来的两个的孔隙。超级电容结构示意图如图 6-38 所示。

根据不同的储能机理，可将超级电容器分为双电层电容器、法拉第准电容器和不对称电容三大类。其中，双电层电容器主要是通过纯静电电荷在电极表面进行吸附来产生存储能量。法拉第准电容器主要是通过法拉第准电容活性电极材料（如过渡金属氧化物

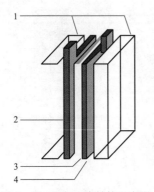

图 6-38 超级电容结构示意图
1—两极板；2、4—电解液；
3—隔膜

和高分子聚合物）表面及表面附近发生可逆的氧化还原反应产生法拉第准电容，从而实现对能量的存储与转换。而不对称超级电容则通过使用不同材料作为正负两电极的方式，结合各类超级电容甚至化学电池的储能特性和优势，强化自身在不同应用中的表现。超级电容器的突出优点有功率密度高、充放电时间短、循环寿命长、工作温度范围宽等；将其与取能装置结合使用时，可大大提高取能装置的实用性，是稳定供能的保障。

研究现状：目前国内外对于超级电容器都有深入的研究，并且已经有很多公司推出了适应不同应用的超级电容器产品。值得一提的是，石墨烯材料的出现极大地推进了超级电容技术的发展；其独特的二维结构和出色的固有物理特性，诸如异常高的导电性和比表面积，使其能成为双电层电容极佳的电极材料和法拉第准电容电极活性成分最适宜的载体。关于具体的电容器结构设计和制备材料选择等，这里不再赘述，已有大量文献可做参考。而对超级电容器在电网在线监测中的应用，目前研究还较为有限，其工作电压低和电压耐受能力差的问题仍待解决。

攻关方向：面向提升电网中在线取能装置实用性的应用，解决超级电容输出电压低（一般小于 2.7V）和电压耐受能力差的问题。前者一方面可以通过攻关新的超级电容制备方法来提升输出电压，例如探寻新的不对称电容电极材料组合、优化石墨烯电极形状等，或通过研究串联电容分压技术来叠增输出电压；另一方面，可以通过研发低功耗、低运行电压需求的集成传感器来匹配超级电容的低电压输出。而后者则需要攻关克服输电线路中由于操作和雷电产生的过电压对超级电容的影响。另外，还需要为超级电容研发或选择合适的防雷措施，从而帮助其更好地适应电网中的各类工作环境。

应用场景：随着电网的发展对电网安全运行和供电可靠性要求的提高，电网在线监测也随之不断发展。而作为在线监测设备的电力供应保障，在线取能技术也开始得到越来越多的重视和研究；一些取能技术更是已经被投入实际运行中。

为了令各类取能技术更好地适应电网工作环境，提升其实用性，储能装置的研发和使用成为取能技术应用的关键课题。传统的化学电池存在寿命短、工作温度范围小等重大弊端，不适宜为长期在线的监测设备（传感器）供电。而作为化学电池的有力替代品，超级电容进入了人们的视野。其超长的使用寿命和循环工作寿命使之能成为在线取能装置的绝佳辅助储能装置；例如，其可以帮助解决太阳能采集装置寿命短的问题，从而为在线取能技术的应用提供更多选择。超级电容器实物图如图 6-39 所示。

图 6-39 超级电容器实物图

6.6 边缘物联技术

6.6.1 嵌入式实时边缘智能技术

技术原理：深度学习框架下的神经网络模型，通过剪枝、受训量化和霍夫曼编码压缩，同时使用 16 位定点数，通过对模型的重训，筛选出模型连接中相对"重要"的节点和连接，对权重参数进行聚类，生成码本（codebook），并根据码本对权重进行量化，并对码本也进行重训；最后，利用霍夫曼编码的方法，将权重进行编码并生成索引。

通常剪枝分为全连接层剪枝和卷积层剪枝，在 VGG16 模型中，90% 的权重参数都在全连接层中，但这些权重参数对模型的最终结果的提升仅为 1%。因此对于 VGG16 模型而言，对全连接层进行剪枝，是一种非常有效的压缩模型大小的方式。而卷积层剪枝，随着网络层越深，其剪枝的程度越高。这意味着最后的卷积层被剪枝得最多，这也导致后面的全连接层神经元数量大大减少。对卷积窗口进行剪枝的方式，也可以是减小卷积窗口中的权重参数，或是舍弃卷积窗口的某一维。剪枝基本流程图如图 6-40 所示。

深度神经网络的量化技术主要分为两类：完整训练后量化和训练时量化，量化不当将使得神经网络精度产生较大的损失，但是要在嵌入式进行快速的神经网络运算，量化必不可少。权重-激活值-梯度量化对网络精度的影响如图 6-41 所示。

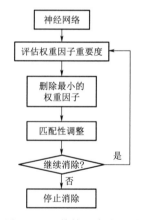

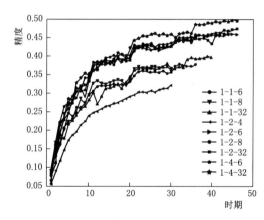

图 6-40　剪枝基本流程图　　　　图 6-41　权重-激活值-梯度量化对网络精度的影响

对网络进行重训和剪枝的步骤，能够使原有网络的节点和连接减少 9~13 倍。对于剪过的稀疏网络结构，可以使用压缩系数行列的格式来进行存储，并且通过存储索引差异来取代绝对位置值，并将这些差异进行编码。通过相对索引的方式来表示矩阵的稀疏度如图 6-42 所示。卷积层可用 8bit 表示，而全连接层则可用 5bit 表示。而当遇到大于限值的差异值时，考虑使用补 0 的方式来避免溢出。

研究现状：深度学习智能技术目前已被广泛应用在各类智能应用之中。尽管深度学习精确度非常高，但计算与存储复杂度均极高。以现有产品技术来说，需要数十个 CPU，以上千瓦、数万元的代价；或者大型 GPU，以数百瓦、数千元到数万元的代价，才能够实时支持基于深度学习的人工智能应用。

跨度超过8=2³

序号	0	1	2	3	4	5	6	7	8	9	10	11	12	13	14	15
插值		1			3								8			3
值		3.4			0.9								0			1.7

补零

图 6-42 通过相对索引的方式来表示矩阵的稀疏度

2011 年，NEC 实验室发布了一款动态可重构的卷积神经网络 CNN 加速结构，如图 6-43 所示。他们在计算模块之间加入了切换选择模块，从而使得其能够针对不同的 CNN 模块进行动态配置，并引入了配套的编译器来为其生成指令。但是该结构的处理速度较低，在 14W 的功耗下仅能实现 16GOPS 的计算性能。

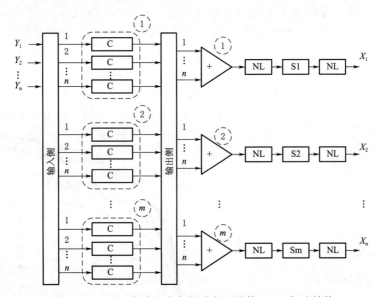

图 6-43 NEC 实验室发布的动态可重构 CNN 加速结构

2014 年普渡大学的 Gokhale 等在 CVPR 上发布了一款名为 NN-X 的处理系统，如图 6-44 所示。该系统中包含了 4 条 DDR3 内存的访问通道和 2 块 ARM A9 的处理器，在能够处理卷积、采样和非线性函数等常见模块的同时，实现 227GOPS 的计算性能，板卡功耗控制在 8W，平均计算速度在 23.18GOPS，比常见的移动端和服务器端处理器快 10~100 倍。

2015 年加利福尼亚大学洛杉矶分校（UCLA）的 Jason Cong 课题组则从高层次综合的角度对卷积运算进行了抽象，并针对 FPGA 结构进行了任务调度和存储上的优化设计，在 Xilinx Virtex7 VX485T 的开发板上，使用 18.61W 的功耗，实现了 61.62GOPS 的计算性能。但是，该设计只支持对卷积层模块的加速，并且使用 32bit 浮点数进行处理。

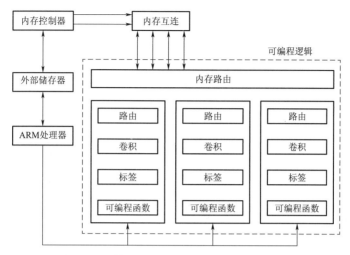

图 6 - 44　普渡大学发布的 NN - X 系统结构图

目前多核异构架构已基本成为嵌入式 AI 处理器的典型技术路线。嵌入式 AI 算法通常具有计算量大且计算模式固定的特点，因此集成专用的硬件加速模块可大大提升 AI 算法的执行效率，而 AI 系统应用程序中其余控制、调度部分则运行在一个通用处理器上，如何实现 CPU 与 AI 核的无缝衔接、灵活调度、协同运行，其难度一直贯穿在硬件架构、软件开发、工程调试之中，也是制约 AI 应用在嵌入式终端扩展的瓶颈。从存储器的组织方式、数据传递方式、流水线计算等方面开展嵌入式 AI 多级互联异构多核片上系统（SoC）架构研究，可使得 CPU 与 AI 核之间进行更高效的协调工作，进而提升 AI 应用程序的执行效率。

攻关方向：研究边缘侧目标识别实时机器学习算法；研制高性能低功耗人工智能计算单元，形成国网自主知识产权的 IP；研制标准化嵌入式视觉处理模组；研制多模多目多维高端光谱感知装备，利用不同的人工智能算法，实现电网内设备的故障识别，组装出具有核心知识产权的装备。

应用场景：在电力生产运行现场进一步提升现场安全作业水平。在输电领域，结合固定摄像头、直升机、无人机、巡线（巡检）机器人等立体巡检手段实现故障的实时就地判决。在变电站故障识别中，提升视频监测终端的边缘智能水平，实现变压器、开关、电缆等变电设备的状态实时评估和故障就地诊断。

6.6.2　智能边缘物联代理技术

技术原理：智慧物联体系是为了解决电力信息化建设中各专业感知信息共享不足、新兴业务支撑能力不足等提出来的。通过建设完善物联管理平台和边缘物联代理，实现各业务采集终端、传感器、智能终端的数据统一采集、分散处理、共享使用，向企业中台、业务系统提供标准化数据与服务。慧物联体系结构图如图 6 - 45 所示。

智慧物联体系与感知层交叉部分是边缘物联代理，是本地设备、数据汇聚与管理的中心。边缘物联代理由高性能的处理器、ROM 与 RAM 存储器、多种物理接口等硬件结构，RTOS 嵌入式系统、接口驱动程序、通信协议等软件，以及各种业务应用 App 组成，物联代理结构图如图 6-46 所示。

边缘物联代理通常配置高性能处理器、大的存储空间，甚至增加了 AI 处理单元，具备较强的计算性能；匹配的物联网操作系统，提供诸如软件定义、容器等增强系统稳定性机制；具有支持本地多种通信协议和远程通信能力。边缘物联代理主要完成的功能有规约转换、数据清洗、状态分析、电能质量分析、能效分析等。

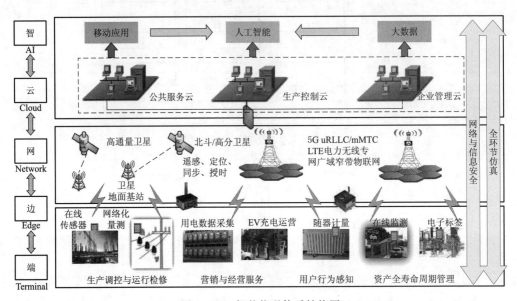

图 6-45 智慧物联体系结构图

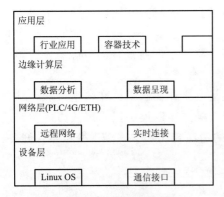

图 6-46 物联代理结构图

规约转换：根据云端数据中心的通信协议对通信数据进行协议转换，为大数据平台提供符合规约的协议数据。

数据清洗：对采集终端上传数据进行重新审查和校验的过程，删除重复信息、纠正存在的错误，并提供数据一致性，保证获取数据的准确性。

状态分析：通过分析各末端采集终端提供的感知数据，本地运算分析各用能单元的运行状态，如出现故障，可进行快速故障识别和定位。

电能质量分析：通过分析各末端采集终端提供的感知数据，分析电网电能质量、运行状态，诸如电流、电压的有效值、功角、谐波频率等参数。

能效分析：通过边沿计算，可分析用能单元的能耗情况、耗能时段，了解企业整体能耗水平，以便供电部门开展能耗分析，对标行业基准，提高能源效率。

研究现状：边缘物联代理原型起始于运营商的数据业务的通信网关。借助在通信接入领域的优势，中国电信运营商在 2011 年开始普及推广家庭网关。2014 年联合 6 家芯片厂家，以及终端厂家发布天翼网关，即第一代智能网关，2017年年底天翼网关发展到第三代智能网关。

随着智能设备发展，智能网关底层架构由最初的OSGi发展成为基于Linux的Open-wrt。对接入网络的设备进行管理，中国电信采用ITMS+平台的方式，中国移动采集RMS平台，中国联通用wolink平台，烽火采用F-link，华为采用H-link等。智能网关的功能正在从通信业务接入扩展到智能家居的领域，网关融合了Internat网络技术、Wi-Fi、RF433、zigbee等网络通信技术，接入设备从手机、PC端扩展到智能开关、插座、窗帘、门磁、人体红外、烟雾报警器、气体感应器等产品，通过家居联网实现对设备进行管理和控制、查询设备状态，提升家居舒适指数。

研究热点：智能网关的模式目前正向工业领域拓展。电力领域提出的智慧物联体系"智-云-管-边-端"结构，打造全面感知、设备可管可控的电力物联网，其中的"边"指的是"智能网关"。在结构设计上，采用硬件模块化、软件容器化设计实现软硬件解耦，打造开放式的统一平台资源。业务应用采用App模式，提供促进繁荣的业务应用市场基础条件。

应用场景：边缘物联代理技术作为电力物联网"智-云-网-边-端"的重要部分在电力系统"源-网-荷-储"中发挥信息汇聚、存储、转发、处理等功能，解决电源侧的新能源发电场景的场站环境监测、设备运行监测、发电量预测等；电网侧输变电通道监测、场站环境监测、输变电设备设施状态监测；配电站/室、微网、配电设备等环境与设备的监测；客户侧居民用户/社区、工业企业/园区、商业楼宇/用户的电能计量、能效采集与分析、家庭智慧能源管理等；储能侧的站区环境、能量变换设备、能源计量和能效采集、储能主体等开展监测应用。

（1）变电主设备的状态感知。一是通过实时上传站内电流、电压等设备运行信息及设备异常告警信号，实现运维班对所辖站设备设施运行状态准确掌握，强化运维班设备感知能力。二是利用先进在线监测传感器，如电流互感器、油压监测装置、变压器套管一体化内部状态监测装置、数字化气体继电器、声学照相机等，实现变电设备状态全方位实时感知；利用站内辅助监控主机开展边缘计算，根据阈值初步判断状态量，实现设备状态自主快速感知和预警。对于异常设备，及时向运行人员推送预警信息，调整状态监控策略，并将数据上传至平台层和应用层进行更精确的诊断和分析。三是利用变压器实时油温、功率等运行信息和历史试验数据，结合变电站微气象参数，运用变压器热路模型算法，实现变压器过载能力动态预测和寿命安全评估。

（2）工商业能效监测系统。基于互联网运营模式的企业智慧用能管理系统是提供能源服务的重要平台，基于该平台实现包括用能数据采集、能效诊断分析和用能优化等服务，以及为政府主管部门提供能耗监管、能源交易和节能减排等信息。充分应用移动互联、人工智能等现代信息技术和先进通信技术，实现电力系统各个环节万物互联、人机交互，构建状态全息感知、数据高效处理、应用便捷灵活的智慧物联平台，通过数据运营实现价值共创，引领能源清洁低碳转型和能源互联网业务创新发展。基于互联网运营模式的企业智慧用能系统示意图如图6-47所示。

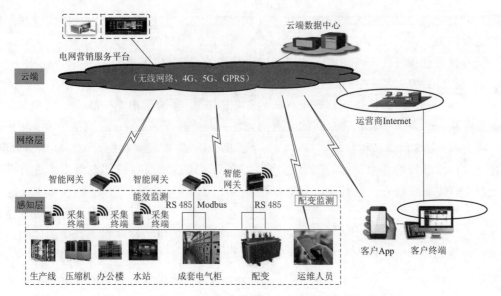

图 6-47　基于互联网运营模式的企业智慧用能系统示意图

6.7　传感器连接组网技术

6.7.1　微功率无线传感网技术

1. 蓝牙定位

技术原理：在蓝牙 5.0 以前，定位技术使用基于信号强度（RSSI）的三边测量法。其中一种是网络基站算法（RTLS），另一种是终端算法（IoP），示意图如图 6-48 所示。定位精度是 1～10m。自从蓝牙 5.1（2019 年年初），新的基于收发方向的定位技术发布。其中包括接收方向法（AoA）和发射方向法（AoD），示意图如图 6-49 所示。定位精度可以达到厘米级别。

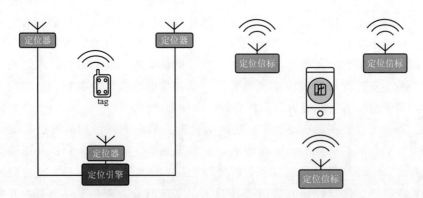

图 6-48　三边测量法，基站算法（RTLS）和终端算法（IPS）示意图

三边测量法的精度低，而且对系统要求不低。RTLS 需要三个时间同步的基站和一个中心化的定位服务器。IPS 对终端的能耗要求太高，更加不适合于传感器的定位应用。

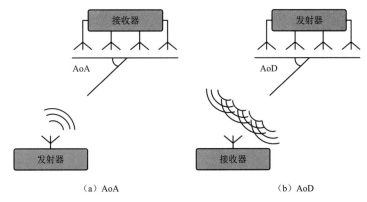

图 6 - 49　接收角度（AoA）和发射角度（AoD）示意图

收发方向法定位精度可以达到厘米级别，对系统的要求是基站需要配备方向性天线阵列和足够的计算能力。当两个以上的基站确认了终端方向时，终端的水平位置就可以计算出来了。如果要确认高度还需要有至少一个垂直的阵列天线。接收角度法（AoA）也就是终端发射，基站接收更适合节能的需求。

研究现状：方向定位法的主要挑战是基站天线的复杂度包括天线阵列的元素数目和间隔。过大的尺寸会对安装维护造成困难，过小的尺寸会造成天线元素的耦合效应，相位测量精度也受影响。测量距离越远，精度越低，因为角度的精度会降低，测量角度精度和测量距离如图 6 - 50 所示。另外一个挑战就是路径阻挡（NLOS）的问题，加上多路径干扰，也许会造成接收角度（AoA）方法的失效。

图 6 - 50　测量角度精度和测量距离

在一些特殊或者复杂的环境下，定位系统需要使用综合的方法来增加定位精度，降低系统的成本和安装维护费用。比如 RTLS 和 AoA 或者 IPS 和 AoD 结合使用的方法。以及利用包括环境信息在内的机器学习方法来增加定位精度。

攻关方向：使用蓝牙的定位技术提升系统自组织建网和动态维护的能力，可以大大降低人工组网的成本和失误。主要研究方向就是如何在不增加终端能耗的前提下，使用定位技术，以能耗优化为目标，建立自组织的、动态的 Mesh 传感器网络。目前蓝牙定位技术主要的应用还是物流跟踪终端的位置，并没有在终端组网上应用。

2. 低功耗网络技术

（1）ZigBee 技术原理：ZigBee 是建立在 802.14.5 Low - rate Personal Area Network（LR - PAN）上的网络的协议。ZigBee 协议栈如图 6 - 51 所示，ZigBee 的协议主要覆盖网络层（NWK）但同时也包括应用层的一些功能，主要是定义不同的应用 profiles。

每一个 ZigBee 网络有一个中央协调节点（coordinator）通过 Mesh 网络连接一些全功

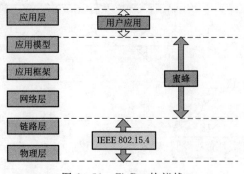

图 6-51 ZigBee 协议栈

能路由节点（full function device, router）; 后者通过星型网络连接一些低功能终端节点（reduced function end device）。ZigBee 支持的网络架构如图 6-52 所示。

ZigBee 使用 AODV（Ad - hoc On - demand Distance Vector）路由协议, 也支持另一种树结构的路由协议 HERA（Hierarchical Routing Algorithm）。ZigBee 网络层有直接地址路由（direct addressing）, 也就是在网络包头中包括源节点和目标节点的信息（address, cluster ID, endpoint number）。还有一种是间接地址路由（indirect addressing）, 由一个控制节点, 一般为 coordinator, 维护一个地址绑定表格, 来为每一源地址的数据发现目标地址, 这样数据帧里就不需要保存目标节点地址, 每一个节点只需把数据发送到控制节点, 然后由控制节点发送到目标节点。这样不仅负载开销可以降低, 网络也不需要维护所有点对点的路由信息, 使得路由建立和维护得到简化。

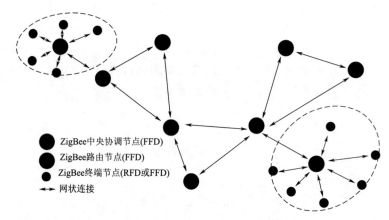

图 6-52 ZigBee 支持的网络架构

（2）6LoWPAN（IPv6 Low Power Personal Area Network）是 IETF 为规范低功耗无线传感网络设计的解决方案。6LoWPAN 是建立在 802.15.4（LR - PAN）上的网络层技术。是可以取代 ZigBee 的一种竞争技术。具有和互联网协议兼容（IPv6）以及互联不同底层无线传感网络（不同的 DODAG）的桥梁特点。也可以互联非 802.15.4 的网络, 比如蓝牙的能耗网络。6LoWPAN 网络架构如图 6-53 所示。

在不同的子 6LoWPAN 之间, 或与其他 IP 设备之间, 可以直接使用 IPv6 路由。而在每一个 6LoWPAN（DODAG）内, 则使用 RPL（routing protocol for LLN, low - power and lossy network）实现路由。RPL 是一种简化的距离适量（distance vector）路由协议。6LoWPAN 网络路由如图 6-54 所示, 每一个 6LoWPAN 有一个中心节点, 以它为根节点建立一个 DODAG（destination oriented direct acyclic graph）树结构。RPL 也是一种基于树结构的路由协议。

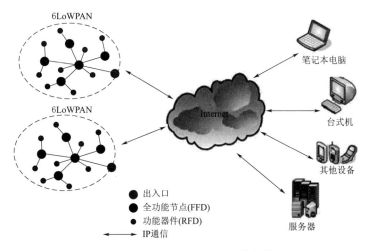

图 6-53　6LoWPAN 网络架构

6LoWPAN 虽然是一个网络层（L3）的协议，但是它使用一种非常优化的包头压缩（header compression）技术，在链路层（MAC）的负载里，6LoWPAN 需要增加一个 Dispatch 包头（1 byte）和一个 IPv6 压缩包头 HC1（1byte）就可以了。剩余的数据帧全部可以作为 IPv6 的负载内容（payload）。其中 UDP 的压缩包头 HC2（4B），剩余的 108B 可以全部作为 UDP 的负载内容。因此和 ZigBee 相比，6LoWPAN 的负载开销是非常低的。两者网络层数据包比较如图6-55所示，ZigBee 的负载开销包括网络层的源地址，目标组

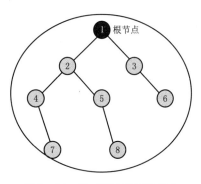

图 6-54　6LoWPAN 网络路由

（cluster）地址加上目标节点地址，应用层的 profile 和其他开销。一个典型的 6LoWPAN 的栈协议占用 30kB 内存，而 ZigBee 的协议栈则占用 90kB 内存。

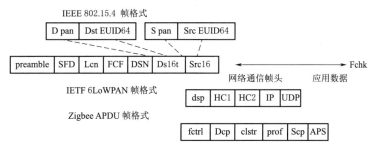

图 6-55　ZigBee 和 6LoWPAN 网络层数据包比较

6LoWPAN 还有一个功能就是可以选择节点之间使用 L2 或者 L3 路由协议（mesh under or route over）。网络层路由和链路层路由如图 6-56 所示。

同样作为基于 802.15.4 无线网络的网络技术，6LoWPAN 总的来说比 ZigBee 有很大优势。

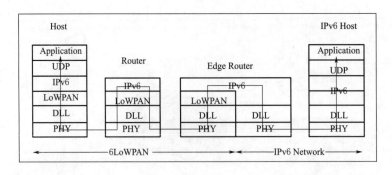

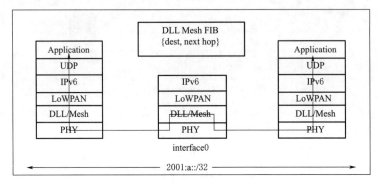

图 6-56　网络层路由和链路层路由

研究现状：在网络路由协议的优化上不断有新的研究成果，主要方向包括移动节点的动态入网离网，降低建立和维护路由网络（树结构，路由表等）的开销。

（3）蓝牙低功耗 Mesh 网络技术原理：蓝牙低功耗 BLE Mesh 网络规范使用 BLE 的广播信道实现一个可控泛洪（managed flooding）的网络层协议。BLE Mesh 网络如图

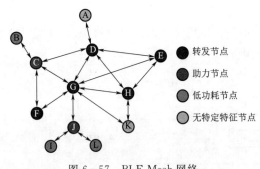

图 6-57　BLE Mesh 网络

6-57 所示。其中低功耗节点（LPN）使用节能模式收发，即在超低的占空比下运行。助力节点（friend node）只负责给指定的 LPN 节点缓存和转发信息，能耗会比 LPN 节点高。只要没有超时（TTL＝0），转发节点（relay node）负责转发所有收到的信息。转发节点基本上处于扫描接收状态，因此必须有足够的供电。BLE Mesh 在网络层不负责路由，真正的受主寻址和数据传递是在传输层上面的应用层上实现

的。应用层使用模型的概念，将网络节点按照不同的应用和在应用中的不同功能来定义行为、状态和信息内容、信息格式等。

BLE Mesh 网络协议的特点是完全独立于 BLE 的网络规范，不依赖于传输层以下的更新变化。

BLE Mesh 方案的主要缺点如下：

（1）系统开销大。网络协议栈的总数据负载效率只有 20％稍强，也就是 11B（总字

节是 47B)。虽然对于简单的家庭控制应用可以应付。如果数据负载大于 11B,就需要在传输层实现数据包的切割和复原操作。

(2)信道使用效率低:由于使用泛洪广播,网络转发节点太多会造成网络崩溃。低功耗节点(传感器)太多也会造成信道竞争和转发节点的缓存不足,因此网络的流量受到很大的限制。

(3)路由建立:BLE Mesh 的数据传输需要根据应用层的发布和订阅(pub/sub)协议建立的路由来实现。非人工干预实现 pub/sub 的自动化、动态化,这会使协议栈变得很复杂(涵盖许多应用模型同时占用信道,降低信道使用效率。

攻关方向:目前使用 BLE 5.0 的芯片制作无线传感器,无论从成本还是性能(主要是能耗)方面都是最佳选择。但是电力应用场景(室内、室外、长距离)具有多样性和复杂性,传感器和控制器种类众多,对超低功耗、高信道效率的需求,都不是现有 BLE Mesh(典型应用,家庭灯光控制)能够满足的。建立一种低开销,Layer2 Mesh 解决方案是当前的重点,该方案应有适用于不同应用场景(室内高密度,室外高/低密度,长距离等)的配置文件,且空口协议的数据格式都是通用的,Mesh 网络可以自主建立路由,支持网络节点动态加入和离开,以及掉电自动修复。

3. 基于 BLE 5.0 超低能耗 Mesh 网络技术(WinsMesh)

技术原理:WinsMesh 的网络架构和其他 Mesh 网络技术类似,都是一个多层级树架构,Mesh 网络架构如图 6-58 所示。传感节点(SN),可以有两种模式,一种相当于 BLE Mesh 的助力节点(friend node),被称为直接传感节点(direct SN),它可以为一个或多个间接传感节点(Indirect SN)提供转发功能。汇聚节点(AP)相当于 BLE Mesh 的转发节点(relay node,或者 router),一般具有足够的电源供给。中心节点(GW)相当于 ZigBee 的协调节点(coordinator)。

该方案假设基础:传感器网络的数据传输是上行或者下行的,一般情况下不会有 P2P(SN 到 SN)的数据传输。特殊情况下,P2P 的数据传输也可以用

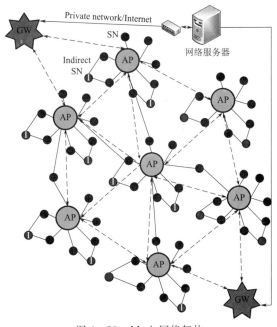

图 6-58 Mesh 网络架构

一个上行加一个下行传输来实现。这样在不支持任意点到任意点数据传输的前提下,路由的建立变得非常简单。类似于 ZigBee 的间接地址路由(indirect addressing),可以降低负载开销,同时简化路由维护方法。为了增加数据传输的可靠性,我们的方案同时支持多路径选择性路由。这样 WinsMesh 网络可以用一个多父节点树(multi-parent hierarchical tree)来表达。相当于 6LoWPAN 的可以支持多父亲节点 DODAG 树。

WinsMesh 主要的技术流程包括：动态组网，组网控制协议和节点地址的动态分级分配；网络运行时，节点地址的动态变更；上行数据传输的路由（根据分级地址）；下行数据传输的路由（根据上行数据地址记录）。

主要的技术特点包括如下方面：

（1）低控制开销。兼容 BLE5.0 链路层帧格式，直接使用接入地址作为节点地址分配，链路层数据帧内除 BLE 信道控制信息、序列号、加密少量信息以外，其他全部可以作为 payload 使用，没有任何的路由开销。

（2）低延迟，低重复。节点转发与否直接根据接入地址判断，判断速度快；而且每一个信息只有一个节点转发，不会造成泛洪效应。

（3）高可靠性。每一个传感节点都有多个上行和下行路径，当任何路径失效时，数据传输路径不会中断。

（4）超低能耗。由于超低开销，传感节点使用超低占空比转发。

（5）传感节点（relay SN）只需负责一个间接传感节点，虽然能耗增加，但是增加得有限，却给网络布局带来很大的灵活性。

（6）可以有效地与 6LoWPAN 集成，支持大范围、多样性的传感网互联。

研究现状：现有链路层 L2 的 Mesh 协议标准 802.15.5 和 802.15.10/10a 都是 P2P，也就是任意点到任意点的数据传输，因此无论是地址空间的占有量，还是路由的建立都有非常大的开销。

攻关方向：主攻方向是基于 BLE 的 L2 Mesh 协议栈，同时利用 BLE5.1 的定位技术改进网络自主建立，动态维护的方案。研究如何与 6LoWPAN 集成，也就是在一个 BLE 的 PAN 内用 WinsMesh，在和其他的 PAN，其他的 IP 设备之间，使用 6LoWPAN。利用 6LoWPAN 支持的 Mesh under 的路由选择来实现。

6.7.2 轻量级安全连接技术

技术原理：轻量级安全连接技术是指适用于传感层物联网的低开销、具有一定安全保障能力的通信及网络技术。单个子网通常由 1 个汇聚节点和若干个各类物联网传感器通信节点构成，拓扑结构为星型或者树形。汇聚节点实现子网内传感信息采集和汇聚，并上报至物联管理中心或者业务主站。各类物联网传感器用于采集不同类型的设备状态量、环境量，并通过通信模块将数据上传至汇聚节点。通常情况下，传感器通信模块功耗为微瓦级、汇聚节点功耗为毫瓦级，网络通常采用软加密及轻量级认证机制来确保安全性。轻量级安全连接网络示意图如图 6-59 所示。

研究现状：传感器通信自 2000 年左右被提出，其发展大致经历了三个阶段：2000—2008 年，低功耗短距离无线通信技术快速发展阶段；2008—2013 年，发展停滞阶段；2013 年至今，低功耗长距离无线通信技术快速发展阶段。2000—2008 年，无线传感网络、物联网在学术界、工业界引起了广泛的关注，其中以学术界最为活跃。此时物联网采用的通信技术以短距离通信技术为主，典型技术为 ZigBee 和蓝牙等技术，网络结构为网状网，该阶段技术协议及实现复杂度（协议及组网开销大）、通信距离（最大200m）、功耗（电池最长寿命为 2 年）、成本（约 100 元人民币）不能满足实际应用需求，此时低功耗短距离物联网技术未能有效落地，2008 年以后处于发展停滞阶段。2013 年以后，随着低功耗长距离技术的推出，物联网通信再次受到了广泛关注，典型技术为 LoRa、NB-IoT 以及 Sigfox 等，低功耗广域无线物联网的通信距离可达 10 余公里；网络通常为星形结构，无复杂的组网控制流程，终端节点实现简单，基于芯片的模块成本可低至 1 美元，配合休眠机制，电池寿命通常为 5～10 年，适用于水/电/气/热计量抄表、温度/湿度等各种环境量监测、电压/电流等各种状态量监测等小数据量监测领域。与此同时，2015 年以后，随着物与物、人与物通信需求成为物联网主要需求方向，各研发机构及设备厂商进一步掀起了低功耗无线通信技术研发新热潮，LoRa、NB-IoT、Sigfox、BLE 以及 ZigBee 作为低功率无线通信技术的典型技术受到了广泛关注与大力推进。

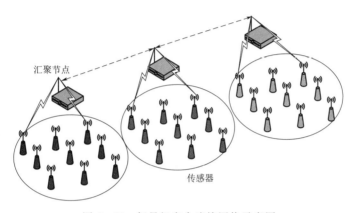

图 6-59　轻量级安全连接网络示意图

攻关方向：传感器通信网络节点通常工作在数据发送、数据接收、休眠三种状态，其中数据发送时功率消耗最大，数据接收时其次，休眠状态最小，减少通信节点的数据发送时间能够有效降低通信功耗。以 LoRa 射频收发器为例，发送时电流为 120mA、接收时电流为 10mA，而休眠时电流仅为 0.2μA。协议低功耗技术是指协议中在满足通信节点应用数据传输需求的前提下降低节点数据发送时间、延长其休眠时间的相关技术、措施或者手段，包括低轻量级组网技术、低开销协议设计、休眠与唤醒技术等。

应用场景：站内变电主设备状态感知、运行环境状态感知，输电线路状态实时感知与智能诊断、高压电缆状态感知与智能管控，以及面向换流站物联网的主设备多维状态量感知、环境状态量全景感知等。轻量级安全连接网络应用示例如图 6-60 所示。

6.7.3　电力线通信及配网拓扑识别技术

技术原理：电力线配网拓扑识别技术是指利用在电力线上传输的工频畸变信号或者高频电力线载波通信信号实现"站-线-变-户"关系及配网拓扑结构识别。工频畸变通信是一种特殊的电力线通信技术，在工频电压过零点时刻通过特殊调制产生工频信号的微弱畸变，畸变信号频率很低（低于 800Hz），具有传输衰减极小、信号可穿透配电变压器并且不串线的优点。在低压侧（用户表计）安装发送装置，产生工频畸变电流信号，在低压分支箱、配变、中压馈线（DTU 等）、变电站出口等安装接收识别装置，识别该畸变信号，即可判断台区内用户、低压分支线、配变之间归属关系；同理往上可以判断中压馈线、中压分支线路、变电站的归属关系和网络拓扑结构。发送装置与接收识别装置之间通过电力线载波通信实现信息的交互，并通过先进的载波测距技术，确定节点之间的距离，结合拓扑结构实现配电网的拓扑自动识别。工频通信终端如图 6-61 所示。

（a）无线温度传感器

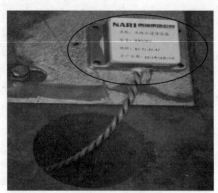

（b）无线水浸传感器

（c）无线故障电流传感器

（d）无线噪声传感器

图 6-60　轻量级安全连接网络应用示例

（a）工频接收装置（三相）

（b）工频发送装置（单相）

图 6-61　工频通信终端

研究现状：随着电力物联网技术的不断发展，电网运检精细化管理越来越受到重视，配电网精细化管理已逐渐成为电力企业和电力管理部门一项重要的管理措施，"站-线-变-户"识别就是其中一项重要的工作内容。由于中压配电网从始建初期就存在着先天不足，从地区变电站到配电变压器，中间经过馈线、分支线及架空-地埋等混合布线，到配电台区有时很难区分供电线路的属性，加之配电网改造随机性强、可预知性差。又由于历史原因及线路运行多年，用户增减迁移频率较高，配电变压器经常变动，台式、箱式变，电缆地下铺设、线路走向错综复杂，混淆不清。加之前期对配网精细化管理工作考虑较少，造成配网基础资料的缺失，使得配网精细化管理难以落实到位，增加了供电企业的经营风险的同时也影响了企业的管理水平和经济效益。

攻关方向：

（1）工频畸变电流信号＋无线。通过工频畸变电流信号和无线通信实现"站-线-变-户"识别。下行信号采用无线通信，包括公网 GPRS 技术或者 LPWAN 低功耗广域物联网通信技术。上行信号采用工频畸变信号，通过在电表箱、变压器台区、变电站等安装工频畸变信号发送和接收装置，由于工频畸变信号频率较低，信号沿着以一次线路传输，不易在中低压配电网馈线之间串扰，应用到"站-线-变-户"识别具有优势。

（2）工频畸变电流信号＋高频电力线载波测距。通过工频畸变电流和电力线载波通信实现"站-线-变-户"识别，并利用高频电力线载波信号进行测距，结合分支和距离关系实现拓扑测量。针对电力线所固有的复杂多变的信道特性导致 PLC 通信稳定性差的问题，高频电力线载波通信应通过信道认知自适应选择最佳工作频段和参数，实现不同频段通信性能的优势互补，提高通信系统的稳定性；同时支持自组网技术，解决网络覆盖范围问题。

（3）集成配电设备的线变关系识别。为了节省成本，并提高现场使用的可行性，将线变关系识别装置做成电路模块，集成到故障指示器、TTU、FPU、采集器、集中器或电表中等设备中。

应用场景：该技术适用于中低压配电网变电站、输电线路、变压器、用户隶属关系及相互间距离的识别。基于载波和工频畸变电流的"站-线-变-户"识别及测距框图如图 6-62 所示。

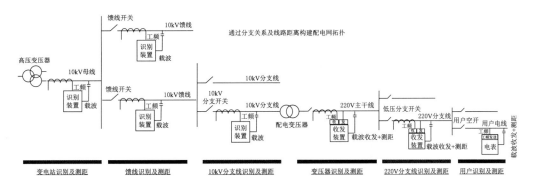

图 6-62　基于载波和工频畸变电流的"站-线-变-户"识别及测距框图

6.7.4　广域窄带物联网技术

技术原理：广域窄带物联网是一种低功耗广域网络，专为低带宽、低功耗、远距离、大量连接的物联网应用而设计。可为低功耗电力设备广域数据连接提供支撑，只消耗有限带宽，可直接部署于 GSM 网络、UMTS 网络、LTE 网络或基于非授权频段，从而降低部署成本、实现平滑升级。广域窄带物联网提供面向低数据速率、大规模终端数目及广覆盖要求等复杂电力场景的端到端的解决方案，可以实现各类智能传感器及终端设备的海量接入，助力传统的电网升级，实现电力系统广域采集、精准感知。广域窄带物联网技术特点图如图 6-63 所示。

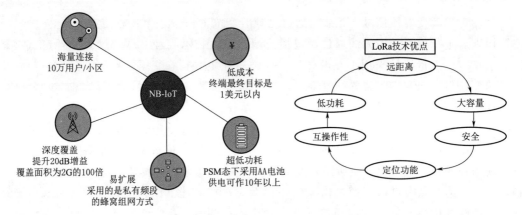

图 6-63　广域窄带物联网技术特点图

研究现状：智能电网要实现数字化、信息化，需要对电网一次和二次设备状态进行监测，通过在这些设备上安装传感器，将数据回传至调度中心，实现有效管理。在传统方案中，大多数电网设备都是通过电力专用网络与调度中心通信，而配网设备点多面广，建设专用网络投入较大，GPRS 等无线方案又都存在一定的局限性，尚没有一种主流方案能得到各方认可。广域窄带物联网技术具有增益高、覆盖深、功耗低等特点，适合智能电网业务应用，在远程抄表、低功耗传感、智能终端领域已有较成熟的研究应用，但在模组可靠性、网络稳定性、网络规划部署方面仍需要开展研究。

攻关方向：面向电网的复杂环境，研究应用于智能传感、智能终端、智能设备的工业级广域窄带物联网通信模块，能够实现主站与采集终端、主站与电表之间的工业级远程无线通信及电力集中采集终端和计量电表的数据传输，支撑进一步优化电力行业数据传输通信质量，提升电力营销业务管理效率，降低了日常运维成本，进而形成具有核心国产化技术的配套通信产品及实用的解决方案；研究针对电网海量数据的安全模型，实现异常或易受攻击的传感器节点的检测和感知；研究广域窄带物联网快速故障检测技术和局部故障检测算法，支撑精确识别广域窄带物联网的故障节点，实现高效运维。

应用场景：电力系统是一个庞大而复杂的系统，要保证其安全、高速、有效的运营，就必须对线路、设备等各种资产的信息有准确、高效的获取能力，进而达到对系统各要素资源的合理分配。随着电力行业物与物之间通信点爆炸式的增长，传统蜂窝通信技术已经无法满足电力业务全采集、全覆盖的需求。

广域窄带物联网技术充分利用高密度、大面积、多层次的通信架构优势铺设电力传感器节点，采用广域监测和通信手段，涵盖发、输、变、配、用所有环节，完成对输电线路在线实时监控、用电计量、智能巡检等业务场景的全方位智能感知。并且建立可靠、稳定的传输网络，完成电力全网信息的实时在线监控，保障智能电网的高效节能和供求互动。广域窄带物联网技术在智能电网中的应用如图 6-64 所示。

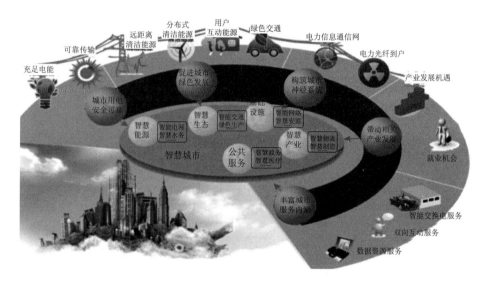

图 6-64　广域窄带物联网技术在智能电网中的应用

6.8 感知数据应用技术

6.8.1 电力设备故障诊断与状态评估

技术原理：对电力设备进行故障诊断和状态评估是指结合电力设备的属性数据、出厂试验数据、交接试验数据、预试数据、在线监测数据、离线试验数据、带电试验数据等等各类数据，采用一定的方法（人工智能、数据挖掘、大数据分析、模式识别等）对这些数据及其变化趋势进行分析挖掘，在需要的情况下也可以考虑设备的家族缺陷数据、运行环境数据等非试验数据的影响，来判断电力设备的运行状态是否异常以及判断其是否发生故障，在发生故障时，及时诊断出故障的类型以及严重程度。电力设备故障诊断及状态评估流程如图 6-65 所示。

研究现状：目前电力设备状态评估主要针对设备群体，普遍采用基于理论分析、计算仿真和试验测试等手段建立的机理和因果关系模型以及统一的评价标准，评价参数和阈值的确定主要基于大量实验数据的统计分析和专家经验。然而，由于电力设备故障机理的复杂性、运行环境的多样性和设备制造工艺、运行工况等存在差异，难以建立严格、完善、精确的评估和预测模型，统一标准的固定阈值判定方法难以保证对不同设备的适用性。在进行故障诊断时，由于电力设备异常或故障类型很多，但故障数据样本相对较少，尤其是反映故障发展过程数据变化的样本更少，因此很难利用少量数据样本建立准确的故障检测和预测模型，设定异常检测判断参数。此外，由于影响输电力设备运行状态的因素众多，现有的评估诊断方法多基于单一或少数状态参量进行分析和判断，没有充分利用设备大量状态信息之间、状态变化与电网运行和环境气象之间蕴含的内在规律和关联关系进行综合分析，且一般依据单次测量值或近期数据来进行分析，未充分利用全部历史数据及其动态变化信息，无法全面反映故障演变与表现特征之间的客观规律，难以实现潜伏性故障的发现和预测，分析结果粗放和片面。

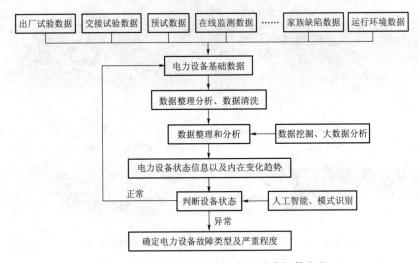

图 6-65 电力设备故障诊断及状态评估流程

攻关方向：基于大数据分析的电力设备运行状态差异化、精细化评估方法。利用电力设备海量的状态数据、缺陷和故障记录进行多元统计分析和关联分析，构建后验分布函数，获得不同设备类型、不同地区、不同厂家，甚至不同时间段的评价模型参数和阈值，同时利用状态量的绝对值和变化值进行多维度关联预警，实现对电力设备运行状态的个性化、差异化和精细化评估。

基于高维空间的电力故障快速、准确辨识方法。利用电力设备海量的正常状态数据建立数据分析模型，利用纵向（时间）和横向（不同参数）数据的相关性判断设备状态及其关联关系的异常变化。在高维空间中挖掘电力设备正常运行时的特征，并对状态量进行映射操作，让设备发生故障时的状态量特征区别于正常运行时的特征，从而实现对电力设备故障的快速、准确辨识。

应用场景：经济社会的快速增长导致电网规模不断扩大，电力设备数量呈现爆发式增长。同时，随着材料技术、传感技术、通信技术等的快速发展，针对电力设备监测的手段也不断增加，以保证电力设备的安全稳定运行。多种监测手段的应用以及现场的各种离线、带电试验积累了海量的数据，然而，这部分数据没有得到有效的挖掘和应用，无法为电力设备的运维检修工作提供有力指导。

基于大数据分析的电力设备运行状态差异化、精细化评估方法可以挖掘不同设备类型、不同属性以及不同运行环境下设备之间的差异性,构建个性化、差异化的参数和阈值,并基于状态量绝对值和变化值实现多维关联评价。基于高维空间的电力故障快速、准确辨识方法可以在高维空间中量化设备状态量的变化情况,获取故障发生时状态量的变化特征,实现故障类型和严重程度的判别。在海量数据背景下,应用上述方法可以显著提高电力设备状态评估和故障诊断的准确性,从而保证电力设备安全稳定运行,对于现场运维和调度决策具有重要意义。

6.8.2 数据驱动的设备状态智能感知

技术原理:输变电设备状态评价与故障诊断最常用的方法包括设备状态评分和专家诊断系统。传统方法无法有效处理来自不同运维信息系统的多源异构海量数据,并且通常只用设备当前时刻断面特征参量数据进行评价分析而无法最大化历史数据价值;传统评价诊断方法采用专家讨论设定的统一阈值或者有限数据训练后固化的模型进行状态评价与诊断分析,很难体现不同厂家、运行环境下同一类设备的个性化差异,从而影响到评价结果的准确性。输变电设备状态评价与故障诊断方法演进如图 6-66 所示。

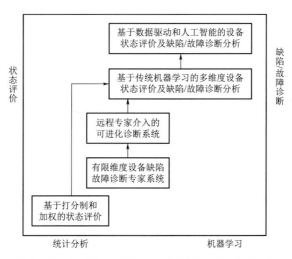

图 6-66 输变电设备状态评价与故障诊断方法演进

基于数据驱动和人工智能的设备状态智能感知方法采用大数据挖掘和机器学习、深度学习等人工智能算法,基于多源、多时间尺度、多时空维度海量数据的有效集成与融合,能够发现各种设备状态监测量与设备缺陷及故障之间内在的(已知的或隐藏的)关联关系,自动提取设备缺陷/故障的特征指纹参量,进而构建设备状态智能辨识模型和算法。该智能感知方法能够对不同厂家、运行环境下的设备实现个性化自适应,能够基于持续积累的历史数据不断自我学习并迭代更新。

研究现状:数据驱动的设备状态智能感知技术已经在输变电设备智能运维领域开展了广泛的研究和应用。人工智能领域最为成熟的图像识别技术在输电线路无人机巡线图像辨识、变电设备红外图像辨识等场景都取得了较好的应用效果。各种大数据挖掘、机器学习、深度学习等算法已经被用于输电线路覆冰预测、变电设备风险预警,以及系统及设备故障辨识等各种业务场景中。

攻关方向:设备状态智能感知方法准确性、适用性有待进一步提高,其辨识效果在一定程度上还依赖于有效的缺陷、故障历史案例数据,但通常样本数量严重不足,会导致建立的模型算法针对性、准确性都会较差。需要研究更为有效的,对已有缺陷、故障历史案例数据依赖性较低的设备状态智能感知方法。

应用场景:基于数据驱动和人工智能的设备状态智能感知方法可以广泛应用于各种输变电设备状态评价以及缺陷/故障诊断分析中。

第7章
基于专利的企业技术创新力评价

为加快国家创新体系建设，增强企业创新能力，确立企业在技术创新中的优势地位，一方面需要真实测度和反映企业的技术创新能力，另一方面需要对企业的创新活动和技术创新能力进行动态监测和评价。

企业技术创新力评价主要基于集中反映创新成果的专利技术，从创新活跃度、创新集中度、创新开放度、创新价值度四个维度全面反映电力信息通信领域企业技术创新力的现状及变化趋势。在建立企业技术创新力评价指标体系以及评价模型的基础上，整体上对电力传感技术领域的申请人进行了企业技术创新力评价。为确保评价结果的科学性和合理性，电力传感技术领域的申请人按照属性不同，分为供电企业、电力科研院、高等院校和非供电企业，利用同一评价模型和同一评价标准，对不同属性的申请人开展了技术创新力评价。通过技术创新力评价全面了解电力传感技术领域各申请人的技术创新实力。

以已申请专利为数据基础，从多维度进行近两年公开专利对比分析、全球专利分析和中国专利分析，在全面了解电力传感技术领域的专利布局现状、趋势、热点布局国家/区域、优势申请人、优势技术、专利质量和运营现状的基础上，从区域、申请人、技术等视角映射创新活跃度、创新集中度、创新开放度和创新价值度。

7.1 企业技术创新力评价指标体系

7.1.1 指标体系构建原则

围绕企业高质量发展的特征和内涵，按照科学性与完备性、层次性与单义性、可计算与可操作性、动态性以及可通用性等原则，构建一套衡量企业技术创新力的指标体系。从众多的专利指标中选取便于度量、较为灵敏的重点指标（创新活跃度、创新集中度、创新开放度、创新价值度），以专利数据为基础构建一套适合衡量企业创新发展、高质量发展要求的指标体系。

7.1.2 指标体系框架

评价企业技术创新力的指标体系中，一级指标为总指数，即企业技术创新力指标。二级指标分别对应四个构成元素的指标，分别为创新活跃度指标、创新集中度指标、创新开放度指标、创新价值度指标；各个二级指标下进一步设置4～6个具体的核心指标，予以支撑。

1. 创新活跃度指标

本指标是申请人的科技创新活跃度，从资源投入活跃度和成果产出活跃度两个方面衡量。创新活跃度指标可使用专利申请总量、专利申请活跃度、授权专利发明人数活跃度、国外同族专利占比、专利授权率、有效专利数量6个三级指标来衡量。

2. 创新集中度指标

本指标是衡量申请人在某领域的科技创新的集聚程度，从资源投入的集聚和成果产出的集聚两个方面衡量。创新集中度指标分别可使用核心技术集中度、专利占有率、发明人集中度、发明专利占比4个三级指标来衡量。

3. 创新开放度指标

本指标是衡量申请人的开放合作的程度，从科技成果产出源头和科技成果开放应用两个方面衡量。创新开放度指标分别可使用合作申请专利占比、专利许可数、专利转让数、专利质押数4个三级指标来衡量。

4. 创新价值度指标

本指标是衡量申请人的科技成果的价值实现，从已实现价值和未来潜在价值两个方面衡量。创新价值度指标分别可使用高价值专利占比、专利平均被引次数、获奖专利数量和授权专利平均权利要求项数4个三级指标来衡量。

7.1.3 指标体系评价方法

表 7-1 技术创新力评价指标体系及权重列表

一级指标	二级指标	权重	三级指标	指标代码	指标权重
技术创新力指标 F	创新活跃度 A	0.3	专利申请数量	A1	0.4
			专利申请活跃度	A2	0.2
			授权专利发明人数活跃度	A3	0.1
			国外同族专利占比	A4	0.1
			专利授权率	A5	0.1
			有效专利数量	A6	0.1
	创新集中度 B	0.15	核心技术集中度	B1	0.3
			专利占有率	B2	0.3
			发明人集中度	B3	0.2
			发明专利占比	B4	0.2
	创新开放度 C	0.15	合作申请专利占比	C1	0.1
			专利许可数	C2	0.3
			专利转让数	C3	0.3
			专利质押数	C4	0.3
	创新价值度 D	0.4	高价值专利占比	D1	0.3
			专利平均被引次数	D2	0.3
			获奖专利数量	D3	0.2
			授权专利平均权利要求项数	D4	0.2

企业技术创新力评价指标体系(即"F")由创新活跃度[即"$F(A)$"]、创新集中度[即"$F(B)$"]、创新开放度[即"$F(C)$"]、创新价值度[即"$F(D)$"]等4个二级指标,专利申请数量、专利申请活跃度、授权发明人数活跃度、国外同族专利占比、专利授权率、有效专利数量、核心技术集中度、专利占有率、发明人集中度、专利占有率、发明人集中度、发明专利占比、合作申请专利占比、专利许可数、专利转让数、专利质押数、高价值专利占比、专利平均被引次数、获奖专利数量、授权专利平均权利要求项数等18个三级指标构成,依据德尔菲法并经一致性验证确定各二级指标和三级指标的权重,基于层次分析法构建评价模型如下:

$$F=0.3×F(A)+0.15×F(B)+0.15×F(C)+0.4×F(D)$$

其中,$F(A)=[0.4×专利申请数量+0.2×专利申请活跃度+0.1×授权专利发明人数活跃度+0.1×国外同族专利占比+0.1×专利授权率+0.1×有效专利数量]$;

$F(B)=[0.3×核心技术集中度+0.3×专利占有率+0.2×发明人集中度+0.2×发明专利占比]$

$F(C)=[0.1×合作申请专利占比+0.3×专利许可数+0.3×专利转让数+0.3×专利质押数]$

$F(D)=[0.3×高价值专利占比+0.3×专利平均被引次数+0.2×获奖专利数量+0.2×授权专利平均权利要求项数]$

上述的企业技术创新力评价模型的二级指标的数据构成、评价标准及分值分配在附录 A 中进行更加详细说明。

7.2 企业技术创新力评价结果

7.2.1 电力传感器领域企业技术创新力排名

表 7-2 电力传感器领域企业技术创新力排名

申请人名称	技术创新力指数	排名
广东电网有限责任公司电力科学研究院	78.4	1
中国电力科学研究院有限公司	77.2	2
国网北京市电力公司	76.9	3
云南电网有限责任公司电力科学研究院	76.9	4
国网江苏省电力有限公司	75.5	5
浙江大学	74.7	6
国网湖南省电力公司	74.1	7
国网电力科学研究院有限公司	73.8	8
国网湖北省电力有限公司电力科学研究院	72.7	9
国电南瑞科技股份有限公司	72.0	10

7.2.2 电力传感器领域供电企业创新力排名

表 7 – 3 电力传感器领域供电企业技术创新力排名

申请人名称	技术创新力指数	排名
国网北京市电力公司	76.9	1
国网江苏省电力有限公司	75.5	2
国网湖南省电力公司	74.1	3
广州供电局有限公司	71.9	4
中国南方电网有限责任公司超高压输电公司检修试验中心	71.3	5
国网山东省电力公司淄博供电公司	69.8	6
国网山东省电力公司阳谷县供电公司	69.3	7
国网福建省电力有限公司	68.3	8
河南省电力公司南阳供电公司	67.7	9
国网上海市电力公司	67.7	10

7.2.3 电力传感器领域电力科研院创新力排名

表 7 – 4 电力传感器领域电力科研院技术创新力排名

申请人名称	技术创新力指数	排名
广东电网有限责任公司电力科学研究院	78.4	1
中国电力科学研究院有限公司	77.2	2
云南电网有限责任公司电力科学研究院	76.9	3
国网电力科学研究院有限公司	73.8	4
国网湖北省电力有限公司电力科学研究院	72.7	5
国网山西省电力公司电力科学研究院	71.7	6
国网电力科学研究院武汉南瑞有限责任公司	70.7	7
国网宁夏电力有限公司电力科学研究院	69.5	8
国网江西省电力科学研究院	67.4	9
国网浙江省电力有限公司电力科学研究院	67.2	10

7.2.4 电力传感器领域高等院校创新力排名

表 7 – 5 电力传感器领域高等院校技术创新力排名

申请人名称	技术创新力指数	排名	申请人名称	技术创新力指数	排名
浙江大学	74.7	1	华北电力大学	60.7	6
重庆大学	71.9	2	清华大学	59.2	7
上海交通大学	71.4	3	北京航空航天大学	58.8	8
西安交通大学	66.9	4	西安工程大学	58.3	9
东南大学	64.3	5	武汉大学	57.6	10

7.2.5 电力传感器领域非供电企业创新力排名

表7-6 电力传感器领域非供电企业技术创新力排名

申请人名称	技术创新力指数	排名	申请人名称	技术创新力指数	排名
国电南瑞科技股份有限公司	72.0	1	西安智海电力科技有限公司	59.2	6
许继集团有限公司	71.6	2	珠海许继电气有限公司	56.5	7
ABB技术公司	69.1	3	南京南瑞继保电气有限公司	54.2	8
平高集团有限公司	61.3	4	河南平高电气股份有限公司	51.7	9
国网新源控股有限公司	60.5	5	许继电气股份有限公司	47.8	10

7.3 电力传感器领域专利分析

7.3.1 近两年公开专利对比分析

本节重点从专利公开量、居于排名榜上的专利申请人和居于排名榜上的细分技术分支三个维度对比2019年和2018年的变化。

7.3.1.1 专利公开量变化对比分析

如图7-1所示,在全球范围内看专利公开量整体变化发现,2019年的专利公开量相对于2018年的专利公开量降低了21.5个百分点。具体的,2018年专利公开量的增长率为12.1%,2019年专利公开量的增长率为-9.4%。

在整体呈公开量减少态势的大环境下,各个国家/地区的增长表现不同。2019年相对于2018年的专利公开量呈正增长的国家/地区包括美国、法国、德国和WO。2019年相对于2018年的专利公开量呈负增长以及无增长的国家/地区包括中国、英国、日本、瑞士、EP。

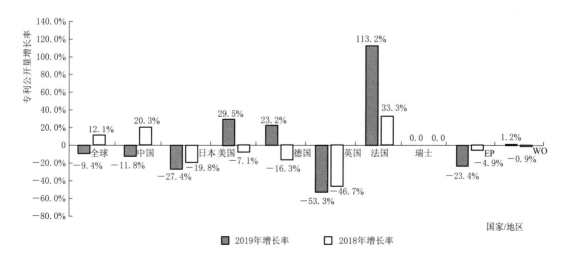

图7-1 专利公开量对比图(2018年和2019年)

7.3.1.2　申请人变化对比分析

如图 7-2 所示，对比 2019 年和 2018 年的已公开的专利数量发现，2019 年居于排名榜上的网内申请人新增的包括国网江苏省电力公司、贵州电网公司、深圳供电局有限公司等；网外新增申请人有西安交通大学。同时居于 2019 年和 2018 年排名榜上的网内申请人包括国家电网有限公司、中国电力科学研究院有限公司、广东电网有限责任公司、云南电网有限责任公司电力科学研究院、广西电网有限责任公司电力科学研究院，上述申请人专利申请量占比较大。可以采用 2019 年的优势申请人相对于 2018 年的优势申请人的变化，从申请人的维度表征创新集中度的变化。整体上讲，2019 年相对于 2018 年，在传感器技术领域的相关技术申请人集中度整体上无变化，局部略有调整。

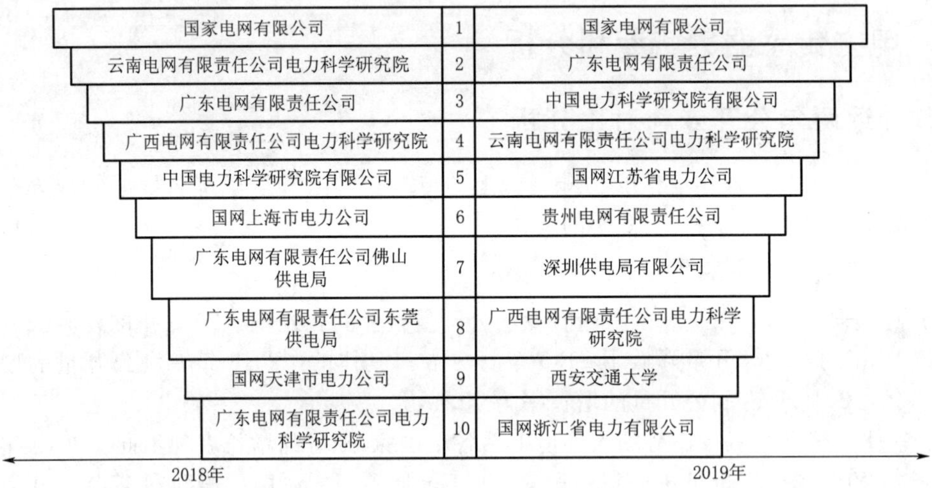

2018年		2019年
国家电网有限公司	1	国家电网有限公司
云南电网有限责任公司电力科学研究院	2	广东电网有限责任公司
广东电网有限责任公司	3	中国电力科学研究院有限公司
广西电网有限责任公司电力科学研究院	4	云南电网有限责任公司电力科学研究院
中国电力科学研究院有限公司	5	国网江苏省电力公司
国网上海市电力公司	6	贵州电网有限责任公司
广东电网有限责任公司佛山供电局	7	深圳供电局有限公司
广东电网有限责任公司东莞供电局	8	广西电网有限责任公司电力科学研究院
国网天津市电力公司	9	西安交通大学
广东电网有限责任公司电力科学研究院	10	国网浙江省电力公司

图 7-2　申请人排名榜对比图（2018 年和 2019 年）

7.3.1.3　细分技术分支变化对比分析

如图 7-3 所示，同时位于 2019 年排名榜和 2018 年排名榜上的细分技术分支包括 G01R31/12（测试介电强度或击穿电压的电性能测试装置）、H02B1/56（电力设备的冷却通风）、G01R35/02（变换比、相位角或额定瓦数的测试与校准）、G01R31/00（电性能、电故障的测试装置）、G01R31/02（行短路、断路、泄漏或不正确连接的测试）、G01R31/08（探测电缆、传输线或网络中的故障）、H02J13/00（对网络情况提供远距离指示的电路装置）等。2019 年居于排名榜的新增细分技术分支包括 G01R31/327（开关或电路断路器的测试）。

可以采用 2019 年的优势技术点相对于 2018 年的优势细分技术分支的变化，从细分技术分支的维度表征创新集中度的变化。从以上数据可以看出，2019 年相对于 2018 年的创新集中度整体上变化不大，局部有所调整。

7.3.2　全球专利分析

本章节重点从总体情况、全球地域布局、全球申请人、国外申请人和技术主题五个维度展开分析。

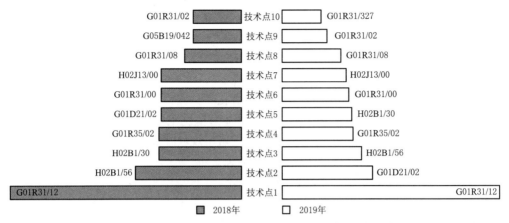

图7-3 细分技术分支排名榜对比图（2018年和2019年）

通过总体情况分析洞察传感器技术领域在全球已申请专利的整体情况（已储备的专利情况）以及当前的专利申请活跃度，以揭示全球申请人在全球的创新集中度和创新活跃度。

通过全球地域布局分析洞察传感器技术领域在全球的"布局红海"和"布局蓝海"，以从地域的维度揭示创新集中度。

通过全球申请人和国外申请人分析洞察传感器技术的专利主要持有者，主要持有者持有的专利申请总量，以及在专利申请总量上占有优势的申请人的当前专利申请活跃情况，以从申请人的维度揭示创新集中度和创新活跃度。

通过技术主题分析洞察传感器技术的技术布局热点和热点技术的专利申请活跃度，以从技术的维度揭示创新集中度和创新活跃度。

7.3.2.1　总体情况分析

以电力信通领域传感器技术为检索边界，获取七国两组织的专利数据，以此为数据基础开展总体情况分析。总体情况分析涉及含有中国专利申请总量的七国两组织数据和以及不包含中国专利申请总量的国外专利数据。专利申请趋势图如图7-4所示。

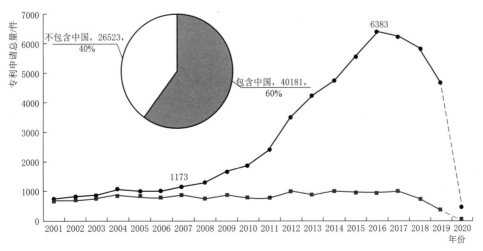

图7-4 专利申请趋势图

119

需要指出的是发明专利申请通常自申请日（有优先权的，自优先权日）起 18 个月（要求提前公布的申请除外）才能被公布，实用新型专利申请在授权后才能获得公布，其公布日的滞后程度取决于审查周期的长短，这会导致 2018—2020 年的部分专利尚未公开，因而未纳入本报告分析数据中。

如图 7-4 所示，在不包含中国专利申请的情况下，国外专利年申请量从 2001—2017 年总体保持平稳发展态势，而在包含中国专利申请的情况下，全球年申请量则在 2001 年中国进入 WTO 之后开始缓慢增长，在 2008 年之后呈现快速增加的态势，2019 年以后申请的专利由于公开时间的原因数量还较少，预估未来将仍处于持续增长态势。

电力行业属于基础性行业，上述的发展趋势一方面与中国经济快速发展有关，另一方面也与中国确定国家知识产权战略鼓励科技创新的政策有关。中国快速增长的经济规模需要充足的电力保障，除传统火电水电规模增加外，在风电、光伏、核能等清洁新能源电力规模也迅速扩大，电动车的发展也催生了出行方式及用电端的变革，同时随着大数据、人工智能、工业互联网、物联网、车联网等智能化技术的发展，在涉及发电、输电、配电、用电的各个环节的传感器相关专利迅速增长，极大地增加了中国电力行业的自动化及智能化程度。对比而言，国外电力行业在发达国家增长停滞而在欠发达国家则增长不足，也导致相关专利申请数量基本保持平稳发展态势。

可以采用专利申请活跃度表征全球在电力传感技术领域的创新活跃度。从以上数据可以看出，专利申请活跃度为 40% 左右，可见，全球申请人在电力传感技术领域维持了一定的创新活跃度。

7.3.2.2 专利地域布局分析

通过全球专利地域（图 7-5）分析，可以获得目标申请国专利申请量占比和随时间申请趋势，表征各国技术实力和发展态势。

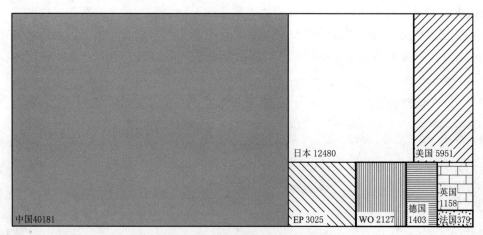

图 7-5　全球专利地域分布图

如图 7-5 所示，从电力信通领域传感器技术的申请地域来看，54% 的电力信通领域传感器技术专利来自中国专利申请，数量高达 4 万余件，位居第二位的是日本专利申请，占比 24%，数量约 1.25 万件；位居第三位的为美国专利申请，占比 10%，数量约 6000

件；其余专利申请地区主要包括欧专局、WO、英国、德国、法国、瑞士。

可以采用专利申请总量表征全球申请人在传感器技术领域的创新集中度。可见，全球申请人在包括中国在内的七国两组织的创新集中度较高，全球申请人在不包括中国的其他国家/地区的创新集中度相对较低。

7.3.2.3 申请人分析

1. 全球申请人分析

全球申请人申请量及活跃度分布如图7-6所示，从专利申请量来看，电力信通领域传感器技术相关专利全球总体申请量排名中，国家电网有限公司、日本三菱电机株式会社、日本松下电器的专利申请量位居前三位，在排名前十的申请人中，还包括日本的东芝公司、日立公司、富士电气公司，国网江苏省电力有限公司、国网上海市电力公司、中国电力科学研究院、广东电网有限责任公司。总体而言，在申请总量方面，国家电网有限公司总量遥遥领先，达到了9819件，而日本公司在传感器领域专利数量总体较高，体现了日本公司强大的整体技术实力。

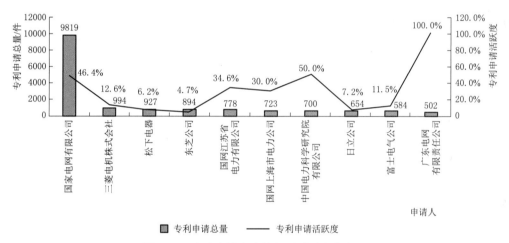

图7-6 全球申请人申请量及活跃度分布图

从创新活跃度来看，国家电网有限公司创新活跃度46.4%，一方面代表中国制造技术水平提升，另一方面也体现了中国企业对知识产权的重视程度，而上述日本企业均保持较低活跃度。结果表明，日本领先的制造企业在电力传感器领域保持了一定程度的创新活跃度，并保有适量的专利数量，而中国企业则积极创新，表现出明显的追赶者特征，具有较高的专利申请数量及活跃度。

可以采用居于排名榜上的申请人的专利申请总量，从申请人（创新主体）的维度揭示创新集中度。采用居于排名榜上的申请人的专利申请活跃度揭示申请人的当前创新活跃度。整体上看，在中国专利申请总量相对于其他国家/地区的专利申请总量表现突出的情况下，中国专利申请人的创新集中度和创新活跃度均较高。

2. 国外申请人分析

国外申请人申请量及活跃度分布图如图7-7所示，从专利申请量来看，电力信通领域传感器技术相关专利国外总体申请量排名中，三菱电机株式会社、松下电器、东芝公司的专利申请量位居前三位。在排名前十的申请人中，德国公司两家，为西门子公司和罗伯特·博世公司，美国公司一家为通用电气公司，其余均为日本公司，包括三菱电机株式会社、日立公司、东芝公司、富士电气公司、松下电器、日本电装株式会社、佳能公司。总体而言，在申请总量方面，日本公司在传感器领域专利数量总体较高，且日本公司数量较多，体现了日本公司强大的技术整体实力，西门子公司和博世公司，作为德国制造的代表体现了德国坚实的制造实力。

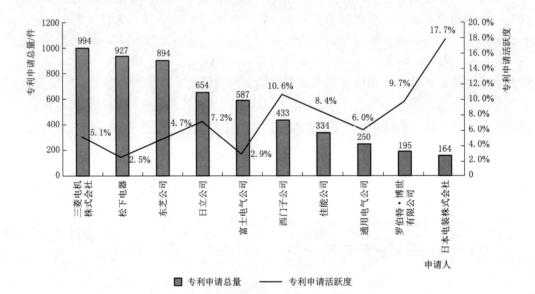

图 7-7　国外申请人申请量及活跃度分布图

从创新活跃度来看，德国西门子公司创新活跃度 10.6%，日本电装公司的创新活跃度为 17.7%，而德国博世公司创新活跃度为 9.7%，活跃度体现了创新主体最近 3 年的创新及专利申请活力，可以看到德国公司活跃度高于日本公司。上述结果表明，德国和日本领先的制造企业在电力传感器领域保持了一定程度的创新活跃度，并保有适量的专利数量，而德国企业则创新活跃度更高，日本企业则相对比较保守，创新活跃度较低。整体上来看，在电力传感技术领域日本申请人的创新集中度、创新活跃度较中国申请人的创新集中度和创新活跃度低。但是，日本申请人的创新集中度相对于其他国家/地区专利申请人的创新集中度较高。

7.3.2.4　技术主题分析

采用国际分类号 IPC（聚焦至小组）表征传感器技术的细分技术分支。首先，从专利申请总量排名前十的细分技术分支近 20 年的专利申请态势，洞察未来专利申请的趋势；其次，从各细分技术分支对应的专利申请总量和专利申请活跃度两个维度，对比不同细分技术分支之间的差异。

涉及的技术主题包括机械及运动量传感器、电磁量传感器、局部放电检测技术、光纤传感器、光学传感器、环境传感器和其他类别的传感器等领域的细分技术分支。

1. 机械及运动量传感器技术分布分析

如图 7-8 及表 7-7 所示，从时间轴（横向）看各细分技术分支的专利申请变化可知：每一优势细分技术分支的专利申请量随着时间的推移均呈现出增长的态势。

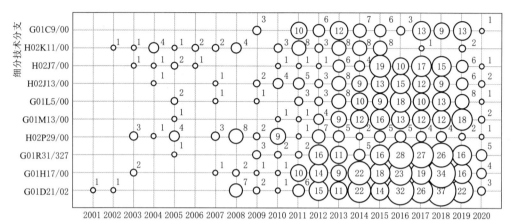

图 7-8　机械及运动量传感器细分技术分支的专利申请趋势图

表 7-7　　　　　　　　　　机械及运动量传感器 IPC 含义和专利申请量

IPC	含　义	专利申请量
G01D21/02	用不包括在其他单个小类中的装置来测量两个或更多个变量	200
G01H17/00	不包含在本小类其他组中的机械振动或超声波、声波或次声波的测量	176
G01R31/327	电路断续器、开关或电路断路器的测试	158
G01M13/00	机械部件的测试	101
H02J13/00	对网络情况提供远距离指示的电路装置	90
G01L5/00	适用于特殊目的的，用来测量诸如由冲击产生的力、功、机械功率或转矩的装置或方法	87

其中，专利申请量位于榜首的 G01D21/02（测量两个或更多个变量）自 2011—2018 年呈现出持续增长的态势。专利申请量位于第二的 G01H17/0（机械振动或超声波、声波或次声波的测量）自 2007—2018 年呈现出持续增长的态势。2013 年出现短时间的下降后至今，以极高的增长速率持续增长。专利申请量位于第三的 G01R31/327（电路断续器、开关或电路断路器的测试）自 2009 年至今呈现出持续增长的态势。专利申请量位于第四的 G01M13/00（机械部件的测试）自 2010 年至今呈现出持续增长的态势，但是增长率相对较低。专利申请量排名第五的 H02J13/00（对网络情况提供远距离指示的电路装置）自 2009 年至今呈现出持续增长的态势，但是增长率相对较低。

2. 电磁量传感器技术分布分析

如图 7-9 及表 7-8 所示，从时间轴（横向）来看各优势细分技术分支的专利申请变化可知：每一优势细分技术分支的专利申请量数量差距较小并且随着时间的推移均呈现出增长的态势。

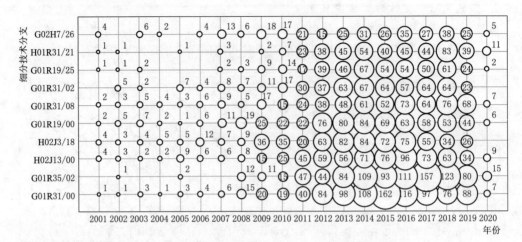

图 7-9　电磁量传感器细分技术分支的专利申请趋势图

表 7-8　　　　　　　　　　　　　　电磁量传感器 IPC 含义和专利申请量

IPC	含　义	专利申请总量
G01R31/00	电性能的测试装置；电故障的探测装置	949
G01R35/02	辅助装置的测试或校准	904
H02J13/00	供电或配电网络中的开关装置进行远距离控制的电路装置	662
G01R19/00	用于测量电流或电压或者用于指示其存在或符号的装置	655
H02J3/18	对配电网络中网络中调整、消除或补偿无功功率的装置	631
G01R31/08	电性能的测试装置；电故障的探测装置，探测电缆、传输线或网络中的故障	580

　　其中，专利申请量位于榜首的 G01R31/00（电性能的测试装置；电故障的探测装置）自 2004—2015 年呈现出持续增长的态势。2001—2011 年，可以看到专利申请量位于第二的 G01R35/02（辅助装置的测试或校准）、专利申请量位于第三的 H02J13/00（供电或配电网络中的开关装置进行远距离控制的电路装置）、专利申请量位于第四的 G01R19/00（用于测量电流或电压或者用于指示其存在或符号的装置）、专利申请量排名第五的 H02J3/18（对配电网络中网络中调整、消除或补偿无功功率的装置）呈现出持续增长的态势，但彼此数量差距不大，增长率相对较低。2011—2016 年，位于榜首的电性能测试装置及点故障探测装置技术快速增长，而排名第二至第五的技术分类则以较为平缓的速率增长。

　　对比不同 IPC 对应的年度专利申请量的变化，以洞察不同优势细分技术分支的发展差异，可知：申请量排名第二的 G01R35/02 在 2017 年曾达到数量峰值，随后数量减少。申请量位于第五的 H02J3/18（无功功率故障）则在 2014 年达到数量峰值，随后数量减少。专利申请量位于第三的 H02J13/00（远距离电路控制）和专利申请量排名第四的 G01R19/00 尽管增速缓慢，但申请数量尚未达到峰值，未来年度申请量呈现出持续增长的态势。

3. 局部放电传感器技术分布分析

如图 7-10 及表 7-9 所示，从时间轴（横向）看各优势细分技术分支的专利申请变化可知：各细分技术分支的专利申请量随着时间的推移呈现出的变化趋势显著不同。具体地：专利申请量位于榜首的 G01R31/12（测试介电强度或击穿电压）自 2007—2016 年呈现出快速增长的态势，并于 2016 年达到增长高峰。自 2016—2017 年呈现短时小幅下降后至今，2018 年又呈现出快速增长的态势，且在该阶段的增长率较上一阶段的增长率高。专利申请量排名第二至第五的 G01R35/00（测量电变量，磁变量）、G01R31/00（电故障、电性能的测试装置）、G01R31/14（电性能的测试电路）和 G01R31/08（探测电缆、传输线或网络中的故障）近 20 年虽有增长，但是增速缓慢。对比不同 IPC 对应的年度专利申请量的变化，以洞察不同优势细分技术分支的发展差异，可知：申请量排名第一的 G01R31/12 在增长周期内的增长速率显著高于排名第二至第五的 G01R35/00（测量电变量，磁变量）、G01R31/00（电故障、电性能的测试装置）、G01R31/14（电性能的测试电路）和 G01R31/08（探测电缆、传输线或网络中的故障）。这表明，局部放电传感器技术上，以测试介电强度或击穿电压技术分支为主导。

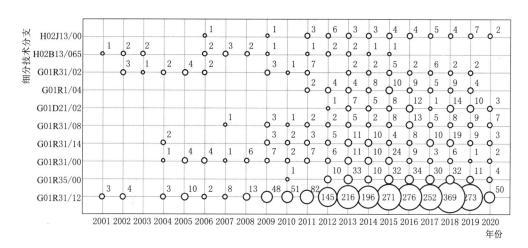

图 7-10 局部放电检测传感器细分技术分支的专利申请趋势图

表 7-9　　　　　　　　　　　局部放电传感器 IPC 含义和专利申请量

IPC	含　义	专利申请总量
G01R31/12	测试介电强度或击穿电压	2272
G01R35/00	测量电变量；测量磁变量技术中包含在本小类其他组中的仪器的测试或校准	197
G01R31/00	电性能的测试装置；电故障的探测装置；以所进行的测试在其他位置未提供为特征的电测试装置	104
G01R31/14	电性能的测试装置；电故障的探测装置技术中所用的电路	89
G01R31/08	探测电缆、传输线或网络中的故障	66
G01D21/02	用不包括在其他单个小类中的装置来测量两个或更多个变量	61

4. 光纤传感器技术分布分析

如图 7-11 及表 7-10 所示，从时间轴（横向）看各优势细分技术分支的专利申请变化可知：每一优势细分技术分支的专利申请量随着时间的推移均呈现出增长的态势。

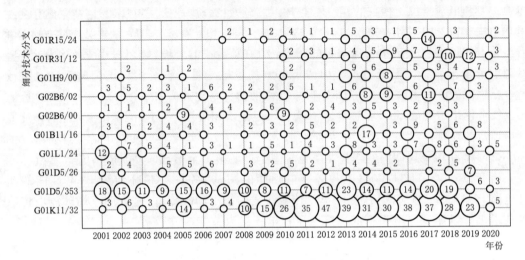

图 7-11　光纤传感器细分技术分支的专利申请趋势图

表 7-10　　　　　　　　　　光纤传感器 IPC 含义和专利申请量

IPC	含　义	专利申请量
G01K11/32	利用在光纤中的透射、散射或荧光的变化的温度测量	401
G01D5/353	影响光纤的传输特性的测试测量	250
G01L1/24	通过测量材料受应力时其光学性质的变化	91
G01B11/16	用于计量固体的变形	86
G02B6/02	带有包层的光导纤维	83
G02B6/00	光导；包含光导和其他光学元件（如耦合器）的装置的结构零部件	64

其中，专利申请量位于榜首的 G01K11/32（利用光纤的温度测量）自 2001 年开始至 2005 年呈现出缓慢增长的态势，2006—2009 年快速增长，随后至今保持稳定申请量。专利申请量位于第二的 G01D5/353（影响光纤的传输特性的测试测量）自 2001 年至今均保持稳定的数量状态，在 2008 年被榜首的 G01K11/32 追平，在 2015 年后有一个小幅度增长阶段。专利申请量位于第三的 G01L1/24（测量材料受应力时其光学性质）、专利申请量位于第四的 G01B11/16（计量固体的变形）和专利申请量排名第五的 G02B6/02（带有包层的光导纤维）自 2008 年至今呈现出持续小幅增长的态势，但是增长率相对较低。

对比不同 IPC 对应的年度专利申请量的变化，以洞察不同优势细分技术分支的发展差异，可知：申请量排名榜首的 G01K11/32 呈现主导性的爆发式增长，增速和数量均遥遥领先其他技术分支，位于第二的 G01D5/353 则始终维持一定的专利数量，但增速变化不大。而其后三位的技术分支，尽管持续小幅增长，但增速缓慢。这表明，光纤传感器技术上从关注光纤传输技术逐步聚焦于基于光纤中的透射、散射或荧光的变化而实现的各种感测技术。

5. 光学传感器技术分布分析

如图 7-12 及表 7-11 所示，从时间轴（横向）看各优势细分技术分支的专利申请变化可知：每一优势细分技术分支的专利申请量数量差距较小并且随着时间的推移均呈现出增长的态势。

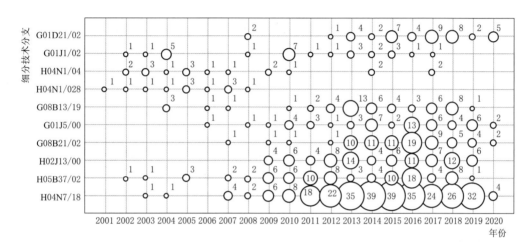

图 7-12　光学传感器细分技术分支的专利申请趋势图

表 7-11　　　　　　　　　　　　光学传感器 IPC 含义和专利申请量

IPC	含　　义	专利申请量
H04N7/18	电通信技术的闭路电视系统，即电视信号不广播的系统	296
H05B37/02	用于一般电光源的电路装置的控制技术	87
H02J13/00	对供电或配电网络情况提供远距离指示的电路装置	82
G08B21/02	保证人身安全的报警器	75
G01J5/00	辐射高温测定法	54
G08B13/19	用红外辐射检测系统的信号装置	53

其中，专利申请量位于榜首的 H04N7/18（电视信号）自 2007 年开始至 2015 年呈现出持续增长的态势，随后数量减少。专利申请量位于第三的 H02J13/00（对供电或配电网络情况提供远距离指示的电路装置）自 2009 年开始至 2016 年呈现出持续增长的态势，随后数量减少。专利申请量位于第二的 H05B37/02（用于一般电光源的电路装置的控制技术）、专利申请量位于第四的 G08B21/02（保证人身安全的报警器）、专利申请量位于第五的 G01J5/00（辐射高温测定法）则可以看到在 2010 年之前数量很少，而在 2010 年之后开始快速增长。

对比不同 IPC 对应的年度专利申请量的变化，以洞察不同优势细分技术分支的发展差异，可知：申请量排名榜首的 H04N7/18（电视信号）在 2015 年曾达到数量峰值，随后数量减少。申请量位于第二的 H05B37/02 细分技术近年来增速明显较快，这表明，光学传感器技术上从传统的单纯摄像头之类的图像记录采集正转向基于智能化的图像识别处理,但申请数量尚未达到峰值,未来年度申请量呈现出持续增长的态势。

6. 环境传感器技术分布分析

如图 7-13 及表 7-12 所示,从时间轴(横向)看各优势细分技术分支的专利申请变化可知:每一优势细分技术分支的专利申请量数量差距较小并且随着时间的推移均呈现出增长的态势。

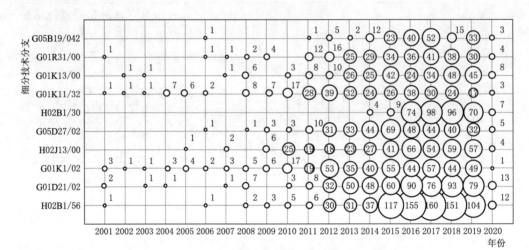

图 7-13　环境传感器细分技术分支的专利申请趋势图

表 7-12　　　　　　　　　　　　环境传感器 IPC 含义和专利申请量

IPC	含　义	专利申请量
H02B1/56	冷却;通风的框架、盘、板、台、机壳;变电站或开关零部件	815
G01D21/02	用不包括在其他单个小类中的装置来测量两个或更多个变量	564
G01K1/02	指示或记录装置的特殊应用	442
H02J13/00	对配电网络中的开关装置进行远距离控制的电路装置	402
G05D27/02	以使用电装置为特征的控制	364
H02B1/30	供电或配电用的配电盘、变电站或开关装置的间隔型外壳;其他部件或配件	358

其中,专利申请量位于榜首的 H02B1/56 (冷却;通风的框架、盘、板、台、机壳;变电站或开关零部件) 自 2009 年开始至 2017 年呈现出持续增长的态势。专利申请量位于第二的 G01D21/02 (测量两个或更多个变量) 细分技术自 2011 年开始至 2018 年呈现出持续增长的态势。专利申请量位于第三的 G01K1/02 (指示或记录装置的特殊应用)、专利申请量位于第四的 H02J13/00 (对配电网络中的开关装置进行远距离控制的电路装置)、专利申请量位于第五的 G05D27/02 (以使用电装置为特征的控制) 则可以看到在 2010 年之前数量很少,而在 2010 年之后开始快速增长,在 2017 年左右达到峰值。

对比不同 IPC 对应的年度专利申请量的变化,以洞察不同优势细分技术分支的发展差异,可知:申请量排名榜首的 H02B1/56 仍处于持续增长的态势,尚未达到峰值。申请量位于第二的 G01D21/02 细分技术则并未直接涉及感测技术近年来增速明显。这表明，环境传感器技术上，电力领域中环境类传感器多用于温度的调节、冷却设备等场景中。

7. 其他传感器技术分布分析

如图 7-14 及表 7-13 所示，从时间轴（横向）看各优势细分技术分支的专利申请变化可知：每一优势细分技术分支的专利申请量数量差距较小并且随着时间的推移均呈现出随机增长态势。

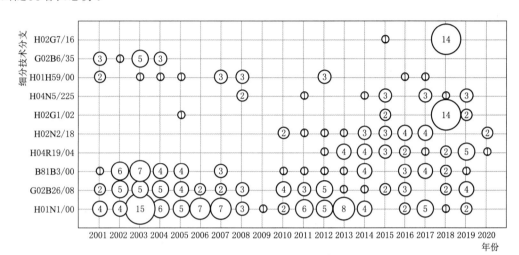

图 7-14　其他传感器细分技术分支的专利申请趋势图

表 7-13　　　　　　　　　其他传感器 IPC 含义和专利申请量

IPC	含　义	专利申请量
H02N1/00	从机械输入产生电输出的，例如发电机	87
G02B26/08	传声器	53
B81B3/00	用于架空线路或电缆的安装、维护、修理或拆卸电缆或电线的方法或设备	43
H04R19/04	从电线或电缆上除冰或雪的装置	23
H02N2/18	用不包括在其他单个小类中的装置来测量两个或更多个变量	21
H02G1/02	使用数字处理装置的控制调节装置	19

其中，专利申请量位于榜首的 H02N1/00（静电发电机）自 2003 年呈现出一个小高峰，随后在 2013 年再次出现一个小高峰，之后并无明显增长。专利申请量位于第二的 G02B26/08（传声器）分别在 2004 年和 2012 年各出现过一个小高峰，但整体数量增长不大。专利申请量位于第三、第四的技术分支分别涉及电线、电缆的故障检测和运维技术，彼此相比专利数量差距不大，年增长情况更处于技术应用早期的随机增长态势。

对比不同 IPC 对应的年度专利申请量的变化，以洞察不同优势细分技术分支的发展差异，可知：

申请量排名榜首的 H02N1/00（静电发电机）和申请量位于第二的 G02B26/08（传声器）尽管各自均有过小幅度的峰值出现，但很快数量下滑，表明技术尚未成熟，短暂热门发展后重新回到探索阶段，而第三、第四的技术分支，尽管有一定数量的专利申请，但仍处于技术应用早期的随机增长态势。

7.3.3　中国专利分析

本节重点从总体情况、申请人、技术主题、专利质量和专利运用五个维度开展分析。

通过总体情况分析洞察传感器技术在中国已申请专利的整体情况以及当前的专利申请活跃度，以重点揭示全球申请人在中国的创新集中度和创新活跃度。

通过申请人分析洞察传感器技术的专利主要持有者，主要持有者的专利申请总量，以及在专利申请总量上占有优势的申请人的当前专利申请活跃度情况，以从申请人的维度揭示创新集中度和创新活跃度。

通过技术主题分析洞察传感器技术的技术布局热点和热点技术的专利申请活跃度，以从技术的维度揭示创新集中度和创新活跃度。

通过专利质量分析洞察创新价值度，并进一步通过高质量专利的优势申请人分析以洞察高质量专利的主要持有者。

通过专利运营分析洞察创新开放度。

7.3.3.1　总体情况分析

以电力信通领域传感器技术为检索边界，获取在中国申请的专利数据，以此为数据基础开展总体情况分析。总体情况分析涉及总体（包括发明和实用新型）申请趋势、发明专利的申请趋势和实用新型专利的申请趋势。专利申请总体趋势如图 7-15 所示。

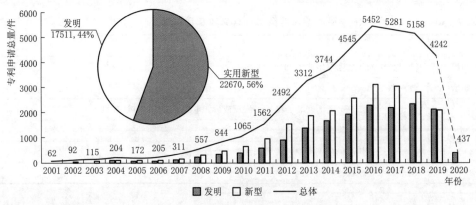

图 7-15　中国专利申请总体趋势图

如图 7-15 所示，从中国专利申请的总体趋势分析来看，从 2001 年开始发明和实用新型专利均呈持续增加的态势，尤其在 2010 年后增速显著增加，造成两者之和的专利总量呈快速增加态势；从专利类型来看，在 2018 年前实用新型专利数量略高于发明专利，而在 2018 年之后则发明专利超越实用新型专利，发明专利增多表明中国专利质量有增高趋势，申请人对中国专利的重视程度持续增加，希望在电力传感器领域获取更多竞争优势。2019 年以后申请的专利由于公开时间的原因数量还较少，但是预计未来将仍处于持续增长态势。

可以采用中国专利申请增长率表征中国在传感器技术领域的创新活跃度,从以上数据可以看出,当前中国在传感器技术领域的创新活跃度较高。

7.3.3.2 申请人分析

1. 申请人综合分析

中国专利申请人申请量及申请活跃度分布如图7-16所示,从专利申请量来看,电力信通领域传感器技术相关专利中国总体申请量排名中,国家电网有限公司、国网江苏省电力公司、国网上海市电力公司的专利申请量位居前三位,在排名前十的申请人中,网内企业包括国家电网有限公司、国网江苏省电力公司、国网上海市电力公司、广东电网有限责任公司、国网天津市电力公司,研究院所包括中国电力科学研究院有限公司、云南电网电力科学研究院、国网江苏省电力公司电力科学研究院、广西电网公司电力科学研究院,高校包括华北电力大学。在申请总量方面,国家电网有限公司总量遥遥领先,高达9817件。其余申请人的专利申请数量相对于国家电网有限公司的专利申请数量呈骤减的态势,专利申请数量从700~300件不等。

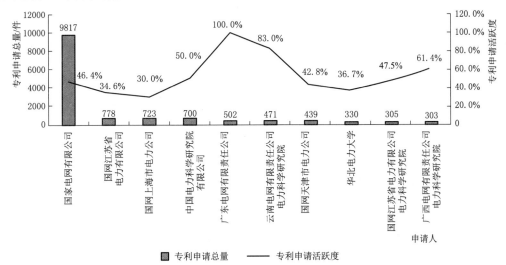

图7-16 中国专利申请人申请量及申请活跃度分布图

在活跃度方面,专利申请数量居于榜首的国家电网有限公司的活跃度为46.4%,较专利申请总量排名第五的广东电网有限责任公司的100%低了53.6%,较专利申请总量排名第六的云南电网电力科学研究院的83.0%低了36.6%,整体看处于平均活跃度水平,较四家其他市场主体的活跃度较高。

可以采用居于排名榜上的申请人的专利申请总量,从申请人(创新主体)的维度揭示创新集中度。采用居于排名榜上的申请人近五年的专利申请活跃度揭示申请人的当前创新活跃度。整体上看,电力传感技术在供电企业和电力科研院集中度相对于其他属性的申请人的集中度高,供电企业和电力科研院整体的创新活跃度也相对较高。

2. 国外申请人分析

整体上看,在中国进行专利申请(布局)的国外申请人的数量较少,而且,在中国已进行专利申请的国外申请人的专利申请数量较少。

选取技术来源国不是中国的传感技术专利进行申请人排名得到图 7 - 17，从地域上看，居于排名榜上的日本申请人的数量表现突出。具体的，居于排名榜上的 10 个国外申请人中，日本申请人的数量为 3 个，其次德国和美国申请人为 2 个，其他国家/地区的申请人的数量为 3 个。

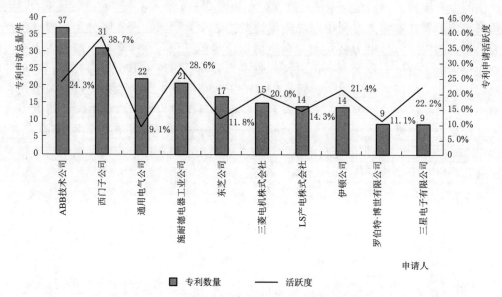

图 7 - 17　国外专利申请人申请量及申请活跃度分布图

从专利申请量来看，电力信通领域传感器技术相关专利外国申请人在华申请量排名中，ABB 技术公司、西门子公司、通用电气公司的专利申请量位居前三位，在申请总量方面，外国申请人在华专利申请数量从 8～37 件不等，总体申请数量较少。

在专利申请活跃度指标上，外国公司在中国申请活跃度普遍较低，最多的西门子公司为 38.7%；其次施耐德电器工业公司、ABB 技术公司、三菱电机株式会社、伊顿公司和三星电子有限公司均为 20%～30% 之间。专利申请活跃度 10% 左右的公司有三家，分别为通用电气公司、日本东芝、LS 产电株式会社和罗伯特·博世公司。

可以采用居于排名榜上的国外申请人的专利申请总量，从申请人（创新主体）的维度揭示创新集中度，采用居于排名榜上的国外申请人的专利申请活跃度揭示申请人的当前创新活跃度。整体上看，外国申请人在创新集中度和创新活跃度上相较于中国申请人普遍较低。

3. 供电企业分析

供电企业专利申请量及申请活跃度分布如图 7 - 18 所示，从专利申请量来看，电力信通领域传感器技术相关专利国内网内企业申请量排名中，国家电网有限公司、国网江苏省电力公司、国网上海市电力公司的专利申请量位居前三位，在排名前 10 的申请人中，网内企业包括国家电网有限公司、国网江苏省电力公司、国网上海市电力公司、广东电网有限责任公司、国网天津市电力公司、国网浙江省电力有限公司、国网福建省电力有限公司、国网北京市电力公司等省级电力公司，另外还包括两家市级单位广州供电局有限公司和深圳供电局有限公司。在申请总量方面，国家电网有限公司总量遥遥领先，高达 9817 件。其余申请人的专利申请数量相对于国家电网有限公司的专利申请数量呈骤减的态势，专利申请数量从 200～778 件不等。

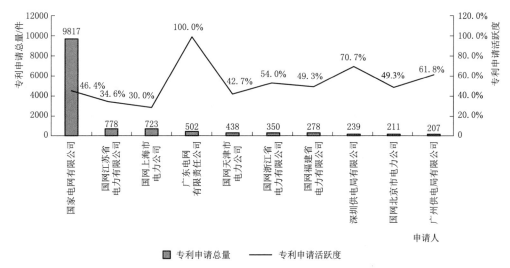

图 7-18　供电企业专利申请量及申请活跃度分布图

在活跃度方面，专利申请数量居于榜首的国家电网有限公司的活跃度为 46.4%，较专利申请总量排名第四的广东电网有限责任公司的 100% 低了 54%，较专利申请总量排名第八的深圳供电局有限公司的 70.7% 低了 23%。国网上海市电力公司、国网江苏省电力有限公司两家公司维持了低于 40% 的活跃度，其余市场主体的活跃度均高于 40%。

可以采用居于排名榜上的供电企业的专利申请总量，从申请人（创新主体）的维度揭示创新集中度。采用居于排名榜上的供电企业的专利申请活跃度揭示供电企业的当前创新活跃度。总体而言，传感器技术在网内申请人的集中度相对于网内研究院的集中度高，而且网内专利申请人整体的创新活跃度也相对较高。

4. 非供电企业分析

非供电企业专利申请量及申请活跃度分布如图 7-19 所示，从专利申请量来看，电力信通领域传感器技术相关专利中国内网外企业的申请量排名中，平高集团有限公司、许继集团有限公司和华东电力试验研究院有限公司的专利申请量位居前三位，在排名前十的申请人中，还包括南京南瑞继保电气有限公司、许继电气股份有限公司、国网新能源控股有限公司、南京南瑞继保工程技术有限公司、南瑞集团有限公司等。排名前十的非供电企业大部分集中在南瑞集团、许继集团和平高集团。在申请总量方面平高集团公司总量达 220 件，其余申请人的专利申请数量从 213～56 件不等。

在专利申请活跃度方面，仅国网新源控股有限公司的专利申请活跃度维持较高水平达到 87.3%，其次南瑞集团和南瑞继保工程技术有限公司专利申请活跃度接近 60%，其余申请人专利申请活跃度接近 50% 或低于 50%。

可以采用居于排名榜上的非供电企业的专利申请总量，从申请人（创新主体）的维度揭示创新集中度。采用居于排名榜上的非供电企业的专利申请活跃度揭示非供电企业的当前创新活跃度。整体上看，非供电企业在中国的创新集中度相对于供电企业在中国的创新集中度低，而且，虽然非供电企业的创新活跃度相对较高，但是较供电企业的创新活跃度低。

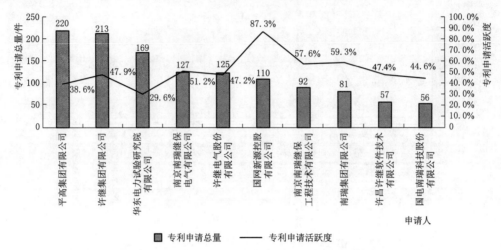

图 7-19　非供电企业专利申请量及申请活跃度分布图

5. 电力科研院所分析

电力科研院所专利申请量及申请活跃度分布如图 7-20 所示，从专利申请量来看，电力信通领域传感器技术相关专利各省电科院申请量排名中，中国电力科学研究院、云南电网公司电力科学研究院、国网江苏省电力公司电力科学研究院的专利申请量位居前三位，在排名前十的申请人中，还包括广西电网公司电力科学研究院、广东电网公司电力科学研究院、国网电力科学研究院武汉南瑞公司、国网山西省电力公司电力科学研究院、国网辽宁省电力有限公司电力科学研究院、国网山东省电力公司电力科学研究院、国网四川省电力公司电力科学研究院。在申请总量方面，中国电力科学研究院总量遥遥领先，高达 700 件。其余申请人的专利申请数量从 151～471 件不等。

在活跃度方面，专利申请数量居于榜首的中国电力科学研究院有限公司的活跃度为49.9%，活跃度最高的为云南电网公司电力科学研究院（83.0%）。

从以上的数据可以看出，电力科研院在中国的创新集中度较供电企业低，较非供电企业高。电力科研院的创新活跃度较供电企业低，与非供电企业较为接近。

6. 高等院校分析

高等院校专利申请量及申请活跃度分布如图 7-21 所示，从专利申请量来看，电力信通领域传感器技术相关专利国内高校申请量排名中，华北电力大学、西安交通大学、上海交通大学的专利申请量位居前三位，在排名前十的申请人中，还包括重庆大学、浙江大学、武汉大学、清华大学、三峡大学、哈尔滨理工大学、河海大学。

在申请总量方面，专利申请数量位于 87～330 件之间，其中位居榜首的华北电力大学相关专利总量达 330 件。其余申请人的专利申请数量相对于华北电力大学的专利申请数量呈略减态势，差值数量不大。

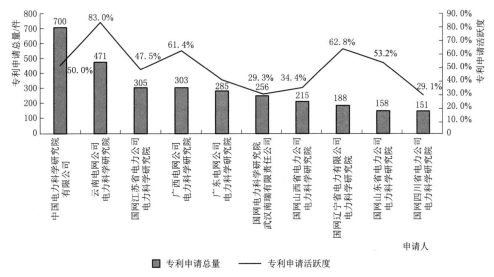

图 7-20 电力科研院所专利申请量及申请活跃度分布图

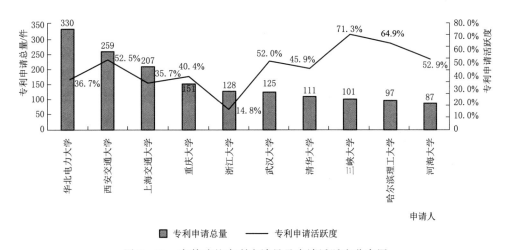

图 7-21 高等院校专利申请量及申请活跃度分布图

在活跃度方面，专利申请数量居于榜首的华北电力大学的活跃度为 36.7%。活跃度前四位的为三峡大学（71.3%）、哈尔滨理工大学（64.9%）、河海大学（52.9%）、武汉大学（52.0%）、西安交通大学（52.5%）、清华大学（45.9%），除浙江大学活跃度较低（14.8%），其余几所大学活跃度与华北电力大学接近，保持了约 30% 左右以上的活跃度。

可以采用居于排名榜上的高等院校的专利申请总量，从申请人（创新主体）的维度揭示创新集中度。采用居于排名榜上的高等院校的专利申请活跃度揭示申请人的当前创新活跃度。整体上看，高等院校在中国的创新集中度相对于供电企业和电力科研院在中国的创新集中度较低，高等院校在中国的创新集中度相对于非供电企业在中国的创新集中度略低。高等院校的创新活跃度较供电企业低，但是较非供电企业和电力科研院略高。

7.3.3.3　技术主题分析

采用国际分类号 IPC（聚焦至小组）表征机械及运动量传感器、电磁量传感器、局部放电检测技术、光纤传感器、光学传感器、环境传感器和其他类别的传感器等领域的细分技术分支。横向上，通过每一 IPC 分支对应的年度申请量的变化表征每一细分技术分支的发展态势。纵向上，通过对比电力信通领域传感器技术不同 IPC 分支对应的年度专利申请量表征不同细分技术分支之间的发展差异。针对每个传感器分支类别，分析了近五年来的高频关键词及低频长词术语的词云，给出了每一细分技术分支的技术热点以及新技术热点分析。

1. 机械及运动量传感器技术分布分析

（1）IPC 申请趋势分布。

如图 7-22 及表 7-14 所示，机械及运动量传感器技术在电力系统中的应用主要集中在分类号 G01D21/02、G01R31/327、G01H17/00 三个技术分支中。其中，分类号 G01D21/02（用不包括在其他单个小类中的装置来测量两个或更多个变量），此分类号下的专利数量最多，在 2008 年、2014 年和 2018 年分别出现过小高峰。涉及断路测试的分类号 G01R31/327 自 2009 年开始专利数量开始增加，在 2018 年达到最多 26 件。涉及振动声波相关测量的分类号 G01H17/00 自 2010 年开始增加直至 2018 年达到最多。分类号 H02J13/00（对网络情况提供远距离指示的电路装置）专利数量呈现逐步增加态势，在 2016 年达到高峰。

表 7-14　　　　　　　　　机械及运动量传感器 IPC 含义及专利申请量

IPC	含　　义	专利申请量
G01D21/02	用不包括在其他单个小类中的装置来测量两个或更多个变量	195
G01R31/327	电路断续器、开关或电路断路器的测试	157
G01H17/00	不在本小类其他组中的机械振动或超声波、声波或次声波测量	155
G01M13/00	机械部件的测试	99
G01L5/00	用来测量诸如由冲击产生的力、功、机械功率或转矩	82
H02J13/00	供电或配电网络情况提供远距离指示的电路装置	82

由此可知，涉及机械及运动量传感器的技术集中在多变量测量、断路测量及声波振动测量三个方面。

（2）关键词云分析。

机械及运动量传感器关键词云如图 7-23 所示，对机械及运动量传感器近 5 年（2015—2019 年）的高频关键词云进行分析，可以发现传感器和控制器是核心的关键部件，在电力行业涉及机械及运动量传感器中，最突出的关键词就是压力传感器，而振动、位移、温度、角度、速度传感器则相对使用较少。涉及机械及运动量传感器的主要应用载体在发电侧主要为发电厂、发电机，在变电用电侧主要涉及电机及变压器，同时也广泛应用于输电线路监测领域。值得注意的是，机器人、客户端、GIS 等也作为技术关键词出现，表明未来会朝向自动化智能化趋势发展，准确性、可靠性、高精度是重点关注的性能指标。

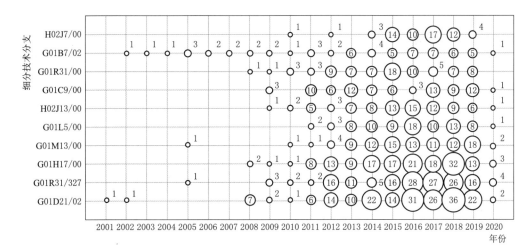

图 7 - 22 机械及运动量传感器 IPC 细分技术分支的专利申请趋势图

机械及运动量传感器低频长词术语词云如图 7 - 24 所示，机械及运动量传感器近 5 年（2015—2019 年）低频长词中，进一步给出了更多不常出现的传感器类型，例如拉力传感器、倾角传感器、方向传感器、扭矩传感器、拉力传感器，同时还出现了诸如烟雾、液位、水位、电流、噪声、图像等其他类别的传感器类型，表明机械及运动量传感器通常会与其他类别传感器配合使用。低通滤波器、信号处理器、控制器的出现表明传感器信号通常需要进行滤波等处理。

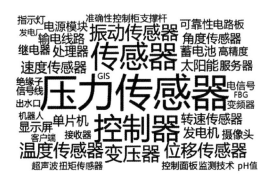

图 7 - 23 机械及运动量传感器关键词云图

图 7 - 24 机械及运动量传感器低频长词术语词云图

2. 电磁量传感器技术分布分析

（1）IPC 申请趋势分布。

如图 7 - 25 及表 7 - 15 所示，电磁量传感器技术在电力信通领域传感器技术主要集中在分类号 G01R31/00、G01R35/02、H02J3/18 三个技术分支中。排名前 6 的技术分支中，都表现出 2008 年后开始快速增长，在 2013—2018 年先后到达一个高峰期的趋势。其中，分类号 G01R31/00（电性能的测试装置；电故障的探测装置），此分类号下的专利数量最多，在 2015 年分别到达高峰。G01R35/02（辅助装置的测试或校准）在 2017 年达到最大值。分类号 H02J3/18（交流干线或交流配电网络中调整、消除或补偿无功功率的装置）专利数量逐步增加，在 2014 年达到高峰。配电网远程控制相关的专利分类号 H02J13/00 下的专利在 2016 年后到达一个高峰。G01R31/08 仍处于持续增加状态，尚未达到高峰状态。

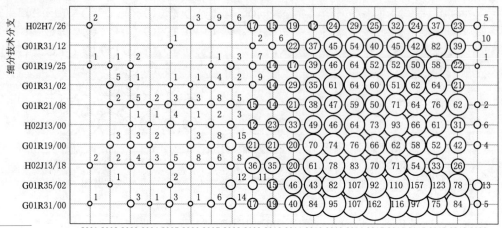

图 7-25　电磁量传感器 IPC 细分技术分支的专利申请趋势图

表 7-15　　　　　　　　　　　　电磁量传感器 IPC 含义及专利申请量

IPC	含　义	专利申请量
G01R31/00	电性能的测试装置；电故障的探测装置	930
G01R35/02	辅助装置的测试或校准	892
H02J3/18	供电或配电网络中调整、消除或补偿无功功率的装置	605
G01R19/00	用于测量电流或电压或者用于指示其存在或符号的装置	600
H02J13/00	供电或配电网络中对网络情况提供远距离指示的电路装置	570
G01R31/08	电性能测试；电故障的探测，探测电缆、传输线或网络中故障	547

由上分析可知，电磁量传感器主要集中于针对电性能、电故障的探测以及电网络的测量及调整技术。

（2）关键词云分析。

电磁量传感器关键词云如图 7-26 所示，对电磁量传感器近 5 年（2015—2019 年）的高频关键词进行分析，可以发现电流传感器、电流互感器及电压互感器是核心的关键词，在电力行业涉及电磁量传感器中，最突出的就是电流/电压互感器、电流/电压传感器，而霍尔传感器则相对频率较低。涉及电磁量传感器的主要应用载体包括继电器、断路器、电源、开关柜、变压器及输电线路，同时也涉及控制电路、控制器、IC 卡、三极管等。传感器相关性能指标主要涉及灵敏度、体积大小、电流值大小、稳定性等。

电磁量传感器低频长词术语词云如图 7-27 所示，进一步对出现频率较低的长词术语进行分析，可以发现电磁式电流互感器、电子式电压互感器等进一步限定的互感器，同时相关专利中也会出现多种其他类型的传感器，例如机械及振动量相关传感器、环境相关传感器。同时也可以看到智能电能表、分布式电源等多种应用场景，故障指示器及系统可靠性等性能指标相关关键词。

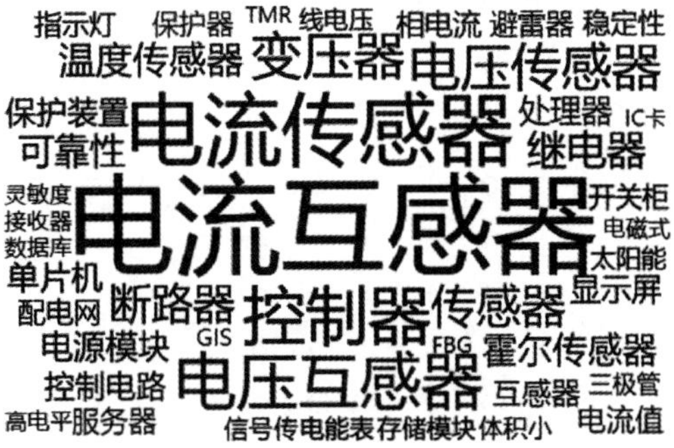

图 7-26 电磁量传感器关键词云图

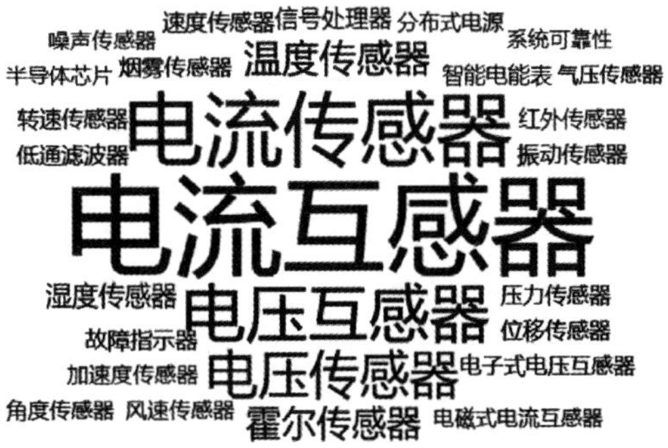

图 7-27 电磁量传感器低频长词术语词云图

3. 局部放电检测技术分布分析

（1）IPC 申请趋势分布。

如图 7-28 及表 7-16 所示，局部放电传感器技术在电力系统中的应用主要集中在分类号 G01R31/12（测试介电强度或击穿电压）技术分支中。排名前六的技术分支中，都表现出 2007 年后开始快速增长，在 2015—2018 年先后到达一个高峰期。其中，分类号 G01R31/12（测试介电强度或击穿电压）的专利数量最多，主要涉及局部放电的检测相关技术，该类传感器的 IPC 技术分支较为集中，表明核心关键技术仍然为直接相关的局部放电技术。

表 7-16 局部放电检测技术 IPC 含义及专利申请量

IPC	含　　义	专利申请量
G01R31/12	测试介电强度或击穿电压	2174
G01R35/00	测量电变量；测量磁变量技术的测试或校准	194
G01R31/00	电性能的测试装置；电故障的探测装置	99
G01R31/14	电性能的测试装置；电故障的探测装置所用的电路	83
G01D21/02	用不包括在其他单个小类中的装置来测量两个或更多个变量	61
G01R1/04	测量、测试装置的外壳；支承构件；端子装置	55

（2）关键词云分析。

局部放电检测技术关键词云如图 7-29 所示，对局部放电传感器近 5 年（2015—2019 年）的高频关键词进行分析，可以发现局部放电、变压器和传感器是核心的关键词，在电力行业涉及局部放电及检测的传感器中，主要应用载体为变压器、变电站、配电网及电力设备。为了实现有效控制，传感器会涉及数据监测、局放检测、采集器等过程控制关键词，对应性能指标为可靠性、灵敏度、准确度、工作效率等。值得注意的是，机器人、特高频、神经网络、GIS 等关键词也出现在局部放电检测的技术发展趋势中。

如图 7-30 所示，进一步对出现频率较低的长词术语进行分析，可以发现一方面出现了多种其他类型的传感器，另一方面高频局放检测表明这是局放检测的重点方向，同时也出现了气体绝缘开关、低功率线圈等相关装置术语。数据分析系统积极信息管理系统表示局部放电检测技术中后续的分析及信息处理是重要技术环节。

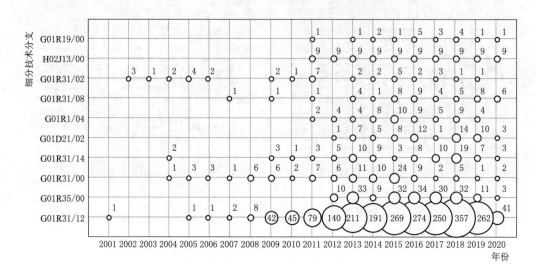

图 7-28　局部放电检测技术 IPC 细分技术分支的专利申请趋势图

图 7-29　局部放电检测技术关键词云图 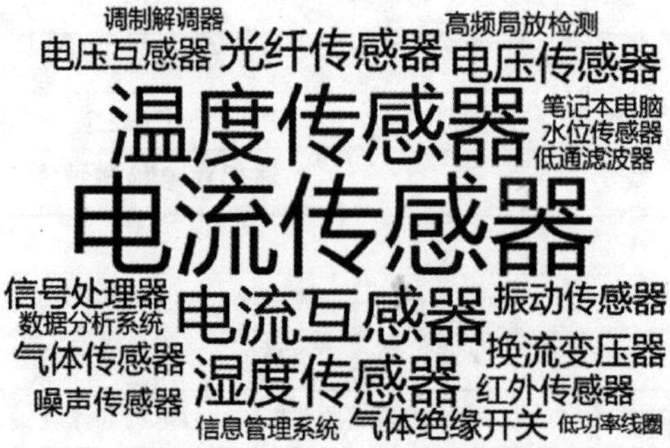　　图 7-30　局部放电检测技术的低频长词术语词云图

4. 光纤传感器技术分布分析

（1）IPC 申请趋势分布。

如图 7-31 及表 7-17 所示，光纤传感器技术排名前六的技术分支中，2007 年后开始快速增长，在电力系统中的应用主要集中在分类号 G01K11/32、G01R31/12、G01D21/02 三个技术分支中。分类号 G01K11/32（利用在光纤中的透射、散射或荧光的变化的温度测量）技术分支专利数量最多，在 2012 年和 2017 年先后到达一个高峰。涉及故障击穿等电故障的分类号 G01R31/12 则在近年发展较快，尚未到达高峰。上述结果表明，基于光纤传感器的温度测量以及相配合的远程控制和故障诊断是主要的技术发展方向。

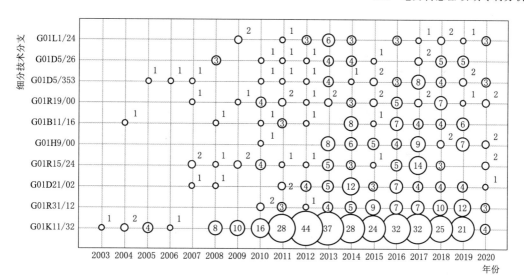

图 7-31 光纤传感器 IPC 细分技术分支的专利申请趋势图

表 7-17 光纤传感器 IPC 含义及专利申请量

IPC	含 义	专利申请量
G01K11/32	利用在光纤中的透射、散射或荧光的变化的温度测量	317
G01R31/12	测试介电强度或击穿电压	63
G01D21/02	用不包括在其他单个小类中的装置来测量两个或更多个变量	48
G01R15/24	使用光调制装置的测试测量	45
G01H9/00	应用对辐射敏感的装置	45
G01B11/16	用于计量固体的变形的测试测量	37

（2）关键词云分析。

光纤传感器关键词云如图 7-32 所示，对光纤传感器近 5 年（2015—2019 年）的高频关键词进行分析，可以发现光纤传感器、控制器、探测器、温度传感器等是核心的关键词，在电力行业涉及光纤传感器的主要应用载体为变压器、输电线路、断路器、激光器、变电站等设备。传感器涉及的性能指标主要包括稳定性、灵敏度、可靠性等指标。值得注意的是，机器人、陀螺仪等关键词的出现，以及在线监测作为光纤传感器的技术发展趋势，体现了实时电网智能化监测的重要性。

光纤传感器低频长词术语词云如图 7-33 所示，进一步对出现频率较低的长词术语进行分析，可以发现最重要的关键词是温度传感器，同时还出现了多种其他类型传感器，表明光纤传感器通常会与其他传感器组合使用，监测多种物理量。分布式光纤传感代表了光纤传感的发展方向。

5. 光学传感器技术分布分析

（1）IPC 申请趋势分布。

如图 7-34 及表 7-18 所示，光学传感器技术排名前六的技术分支中，2008 年后开始快速增长，在电力系统中的应用主要集中在分类号 H04N7/18、H02J13/00、G08B21/

141

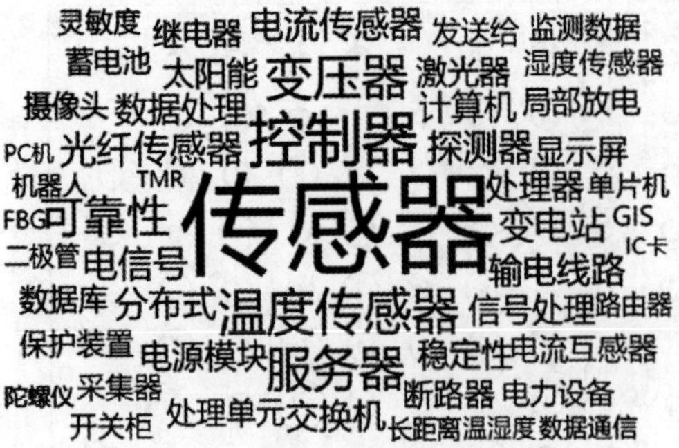

图 7-32　光纤传感器关键词云图 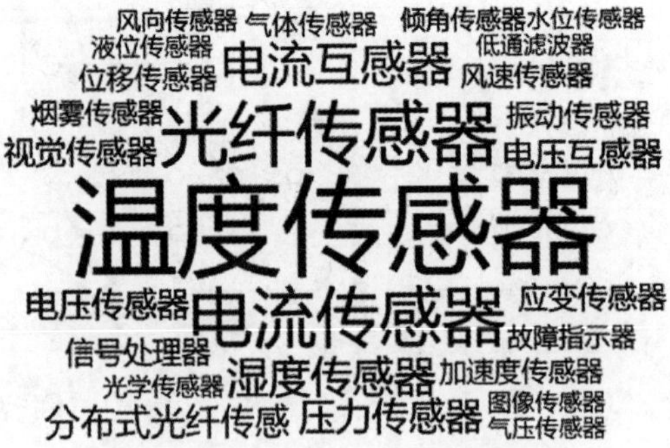　　　　图 7-33　光纤传感器低频长词术语词云图

02 三个技术分支中。分类号 H04N7/18（闭路电视系统，即电视信号不广播的系统）技术分支专利数量最多，在 2015 年到达一个高峰。配电网远程控制相关的专利分类号 H02J13/00 下的专利在 2008 年至今始终处于比较活跃的状态。涉及故图形识别人身安全的报警的分类号 G08B21/02 则在近年发展较快，从 2012 年快速增长。上述结果表明，基于光学传感器的视频系统以及相配合的远程控制和确保人身安全的报警技术是主要的技术发展方向。

表 7-18　　　　　　　　　　　　光学传感器 IPC 含义及专利申请量

IPC	含　义	专利申请量
H04N7/18	电通信技术的闭路电视系统，即电视信号不广播的系统	278
H02J13/00	对供电或配电网络情况提供远距离指示的电路装置	78
G08B21/02	保证人身安全的报警器	74
H05B37/02	用于一般电光源的电路装置的控制技术	57
G01J5/00	辐射高温测定法	52
G08B13/19	用红外辐射检测系统的信号装置	50

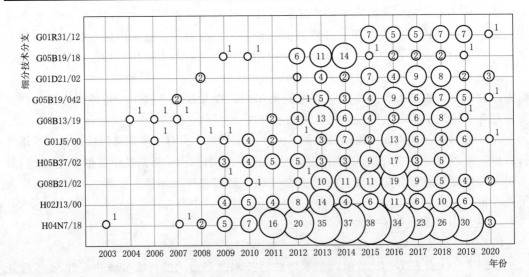

图 7-34　光学传感器 IPC 细分技术分支的专利申请趋势图

（2）关键词云分析。

光学传感器关键词云如图 7-35 所示，对光学传感器近 5 年（2015—2019 年）的高频关键词进行分析，可以发现红外传感器、控制器、图像识别、摄像头等是核心的关键词，在电力行业涉及光学传感器的主要应用载体为太阳能电池板、配电网、电源、变电站、开关柜等电力设备。光学传感器涉及的性能指标包括准确度，这主要是指图像识别的准确度。值得注意的是，摄像头、机器人、机械手、电动车等作为光学传感器的物理载体成为技术发展趋势，体现了智能化实时监测、无人监测、远程监测的新需求。

如图 7-36 所示，进一步对出现频率较低的长词术语进行分析，可以发现最重要的关键词是红外传感器，进一步给出光学传感器具体可包括光强传感器、红外摄像机、可积极见光传感器、图像传感器、视觉传感器、紫外传感器。同时，智能电能表、人工神经网络、分布式计算、移动机器人等术语的出现表明基于光学传感器数据应用人工智能大数据等先进技术解决电网相关的远程图像识别、机器人巡线巡检等应用已经成为主要发展方向。

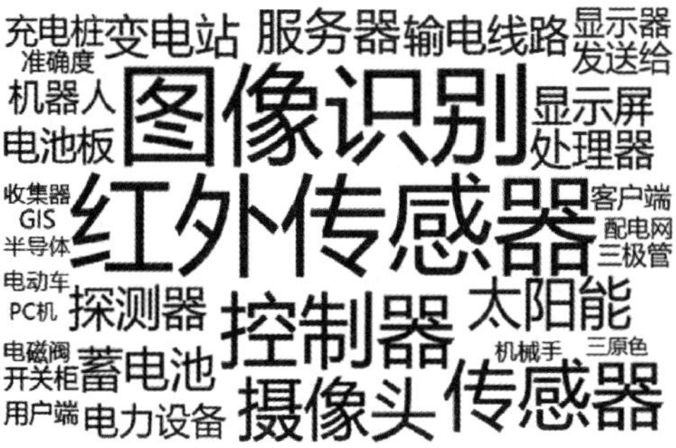

图 7-35　光学传感器关键词云图

图 7-36　光学传感器低频长词术语词云图

6. 环境传感器技术分布分析

（1）IPC 申请趋势分布。

如图 7-37 及表 7-19 所示，环境传感器技术排名前六的技术分支中，2008 年后开始快速增长，在电力系统中的应用主要集中在分类号 H02B1/56、G01D21/02、G01K1/02 三个技术分支中。分类号 H02B1/56（冷却；通风的框架、盘、板、台、机壳；变电站或开关零部件）技术分支专利数量最多，在 2017 年到达一个高峰，其主要提供环境传感器的工作空间或监测环境。多变量检测相关的专利分类号 G01D21/02 下的专利在 2018 年到达一个高峰。值得注意的是分类号 H02B1/30（间隔型外壳；它的部件或其配件）则在近年发展较快，从 2017 年开始迅速增长，但尚未到达高峰。上述结果表明，基于环境传感器的相关部件以及相配合的工作空间结构是主要的技术发展方向。

表 7-19　　　　　　　　　　环境传感器 IPC 含义及专利申请量

IPC	含　　义	专利申请量
H02B1/56	冷却；通风的框架、盘、板、台、机壳；变电站或开关零部件	798
G01D21/02	用不包括在其他单个小类中的装置来测量两个或更多个变量	557

续表

IPC	含　义	专利申请量
G01K1/02	指示或记录装置的特殊应用	398
H02J13/00	对配电网络情况提供远距离指示的电路装置	390
G05D27/02	以使用电装置为特征的控制、调节	361
H02B1/30	供电或配电用的配电盘、变电站或开关装置的间隔型外壳	352

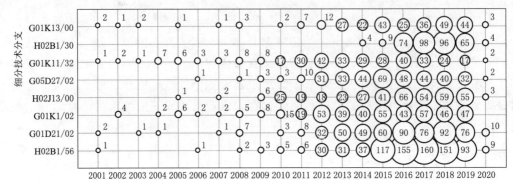

图 7-37　环境传感器 IPC 细分技术分支的专利申请趋势图

（2）关键词云分析。

如图 7-38 所示，对环境传感器近 5 年（2015—2019 年）的高频关键词进行分析，可以发现温度传感器、湿度传感器、控制器、变压器等是核心的关键词，在电力行业涉及环境传感器的主要应用载体为变压器、电源、变电站、开关柜、继电器、断路器等电力设备。环境传感器涉性能指标包括可靠性、稳定性、实用性，涉及物理量主要是温湿度。相关联的部件主要为控制器、PLC 控制器、单片机及壳体、箱体、风扇、风机等。值得注意的是，散热是主要功能需求，基于互联网的智能在线监测成为技术发展趋势。

如图 7-39 所示，进一步对出现频率较低的长词术语进行分析，可以发现最重要的关键词是温度传感器及湿度传感器，进一步给出环境相关的雨量传感器、水位传感器、噪声传感器、烟雾传感器、水浸传感器、风速传感器等多种类型传感器。

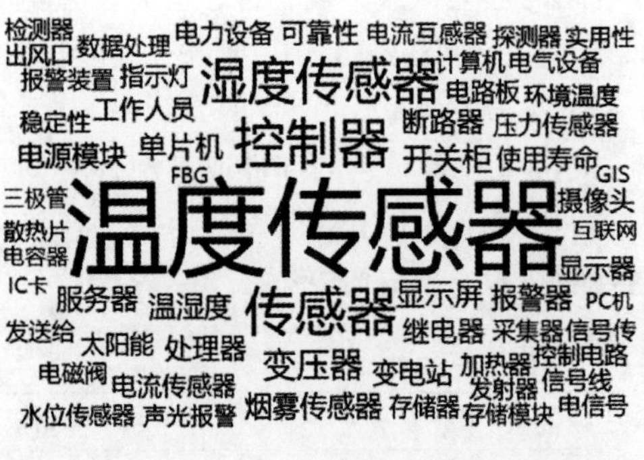

图 7-38　环境传感器关键词云图 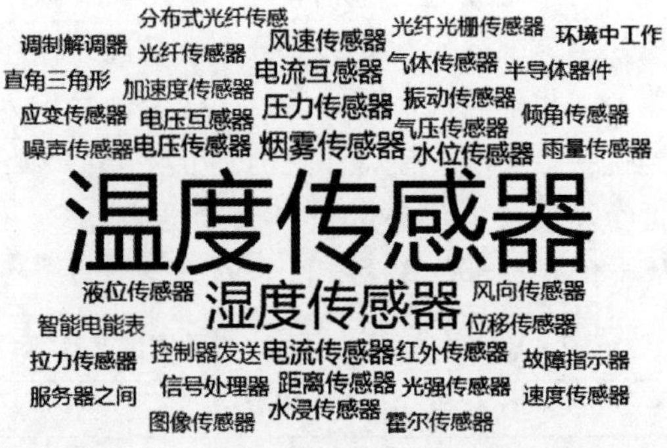　　　　图 7-39　环境传感器低频长词术语词云图

7. 其他传感器技术分布分析

（1）IPC 申请趋势分布。

如图 7-40 及表 7-20 所示，其他传感器技术全部六个技术分支中，2011 年后都开始快速增长，但整体数量较少，可以认为仍处于随机增长状态。该类传感器多为新型传感器，大部分尚未成熟并大规模应用，因而 IPC 分类号呈现多样性，例如涉及传声器的 H04R19/04、涉及线缆维护的 H02G1/02、涉及微机械发电的 H02N2/18、涉及光控制技术的 G05B19/042 都分别会采用不同的 MEMS 传感器或专用传感器。整体而言，各个 IPC 分类技术分支的专利数量均呈现增长态势，但各项技术仍需进一步成熟完善。

表 7-20　　　　　　　　　其他传感器 IPC 含义及专利申请量

IPC	含　义	专利申请量
H02N2/18	从机械输入产生电输出的，例如发电机	21
H04R19/04	传声器	21
H02G1/02	架空线路或电缆的安装、维护、修理或拆卸电缆或电线的方法	19
H02G7/16	从电线或电缆上除冰或雪的装置	15
G01D21/02	用不包括在其他单个小类中的装置来测量两个或更多个变量	13
G05B19/042	使用数字处理装置的控制调节装置	10

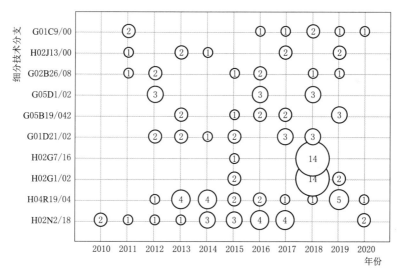

图 7-40　其他传感器 IPC 细分技术分支的专利申请趋势图

（2）关键词云分析。

其他传感器技术中的关键词云如图 7-41 所示，对其他传感器近 5 年（2015—2019 年）的高频关键词进行分析，可以发现 MEMS 传感器、视觉传感器、机器人、陀螺仪等是核心的关键词，呈现多元性分布。在电力行业涉及其他传感器的主要应用载体为机器人、太阳能发电、电源、输电线路等电力设备。传感器涉及的主要性能指标包括稳定性、灵敏度、高精度、体积小、成本低等。加速度及加速度传感器是机器人及运动装置的重要参量及传感器。

其他传感器技术中的低频长词术语词云如图 7-42 所示，进一步对出现频率较低的长词术语进行分析，可以发现最重要的关键词是视觉传感器及 MEMS 传感器，同时也出现了多种其他类型传感器，表明该两种传感器通常会与其他传感器配合使用。移动机器人和智能电能表给出了主要应用载体。视觉传感器是移动机器人感知周围环境的重要工具，加速度传感器是移动机器人动作控制的重要参考依据。

图 7-41　其他传感器技术中的关键词云图 　　图 7-42　其他传感器技术中的低频长词术语词云图

7.3.3.4　专利质量分析

高质量专利是企业重要的战略性无形资产，是企业创新成果价值的重要载体，通常围绕某一特定技术形成彼此联系、相互配套的技术经过申请获得授权的专利集合。高质量专利应当在空间布局、技术布局、时间布局或地域布局等多个维度有所体现。

采用用于评价专利质量的综合指标体系评价专利质量，该综合指标体系从技术价值、法律价值、市场价值、战略价值和经济价值五个维度对专利进行综合评价，获得每一专利的综合评价分值。以星级表示专利的质量高低，5 星级代表质量最高，1 星级代表质量最低，将 4 星级及以上定义为高质量的专利，将 1~2.5 星级的专利定义为低质量专利。

通过专利质量分析，企业可以在了解整个行业技术环境、竞争对手信息、专利热点、专利价值分布等信息的基础上，一方面识别竞争对手的重要专利布局，发现战略机遇，识别专利风险，另一方面也可以结合己方的经营战略和诉求，更高效地进行专利规划和布局，积累高质量的专利组合资产，提升企业的核心竞争力。

1. 机械及运动量传感器高质量专利分布分析

如图 7-43 所示，机械及运动量传感器领域专利质量表现一般。高质量专利（4 星级及以上的专利）占比仅为 8.9%，而且上述高质量专利中，5 星级专利仅占 0.6%。如果将 1~2.5 星级的专利定义为低质量专利，78.4% 的专利为低质量专利。

传感器技术高质量专利中申请人分布如图 7-44 所示，进一步地，对上述 8.9% 的高质量专利的申请人进行分析，结果如下：

国家电网有限公司在高质量专利方面表现突出，其拥有的高质量专利数量为 61 件，遥遥领先于同领域的其他创新主体。从创新主体的类型看，高质量专利主要分布在网内企业和大学，例如典型电网企业电网上海市电力公司和北京四方继保自动化股份有限公司，典型大学有西安工程大学和北京航空航天大学。

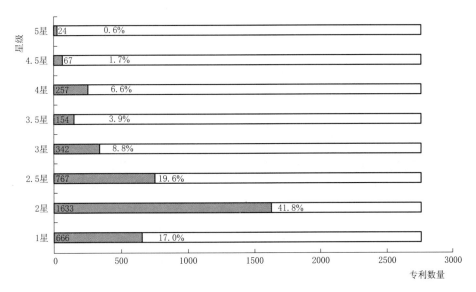

图 7-43 机械及运动量传感器专利质量分布图

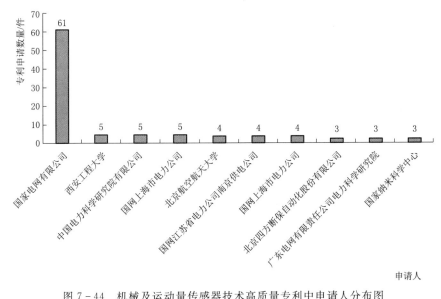

图 7-44 机械及运动量传感器技术高质量专利中申请人分布图

2. 电磁量传感器技术高质量专利分布分析

电磁量传感器专利质量分布如图 7-45 所示，电磁量传感器领域专利质量表现一般。高质量专利（4 星级及以上的专利）占比仅为 9.8%，而且上述高质量专利中，5 星级专利仅占 0.7%。如果将 1～2.5 星级的专利定义为低质量专利，76.4% 的专利为低质量专利。

传感器技术高质量专利中申请人分布如图 7-46 所示，进一步地，对上述高质量专利的申请人进行分析，结果如下：

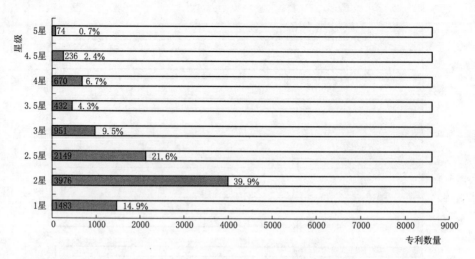

图 7-45　电磁量传感器专利质量分布图

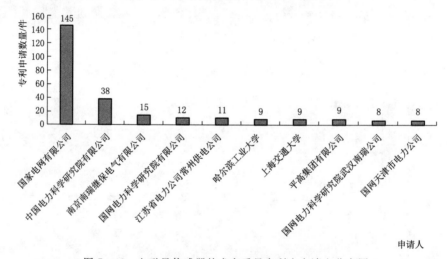

申请人

图 7-46　电磁量传感器技术高质量专利中申请人分布图

国家电网有限公司在高质量专利方面表现突出，其拥有的高质量专利数量达到 145 件，遥遥领先于同领域的其他创新主体。从创新主体的类型看，高质量专利主要分布在网内企业和大学，典型企业包括南京南瑞继保和江苏省电力公司常州供电公司，典型大学包括上海交通大学和哈尔滨工业大学，典型研究机构包括中国电力科学研究院有限公司。

3. 局部放电检测技术高质量专利分布分析

如图 7-47 所示，局部放电传感器领域专利质量表现较好。高质量专利（4 星级及以上的专利）占比仅为 13%，但上述高质量专利中，5 星级专利仅占 0.4%。如果将 1~2.5 星级的专利定义为低质量专利，73.4% 的专利为低质量专利。

如图 7-48 所示，进一步地，对上述高质量专利的申请人进行分析，结果如下：

国家电网有限公司在高质量专利方面表现突出，其拥有的高质量专利数量遥遥领先于同领域的其他创新主体，达到 60 件。从创新主体的类型看，高质量专利主要分布在网内企业和大学，典型企业包括广州供电局有限公司、国网上海市电力公司、深圳供电局有限公司，典型大学包括华北电力及西安交通大学，典型研究机构包括中国电力科学研究院有限公司、广东电网有限责任公司电力科学研究院。

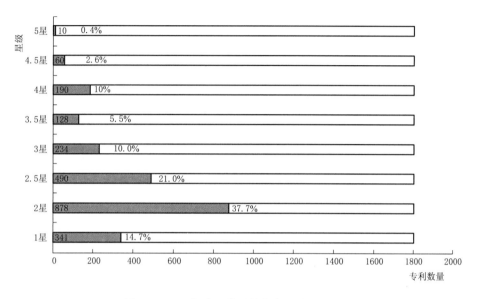

图 7-47 局部放电检测技术专利质量分布图

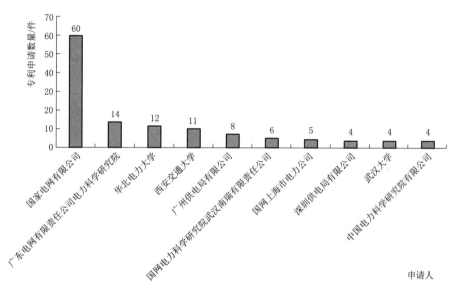

图 7-48 局部放电检测传感器技术高质量专利中申请人分布图

4. 光纤传感器技术高质量专利分布分析

如图 7-49 所示，光纤传感器领域专利质量表现一般。高质量专利（4 星级及以上的专利）占比仅为 13.8％，但上述高质量专利中，5 星级专利仅占 1.5％。如果将 1～2.5 星级的专利定义为低质量专利，70.3％的专利为低质量专利。

如图 7-50 所示，进一步地，对上述高质量专利的申请人进行分析，结果如下：

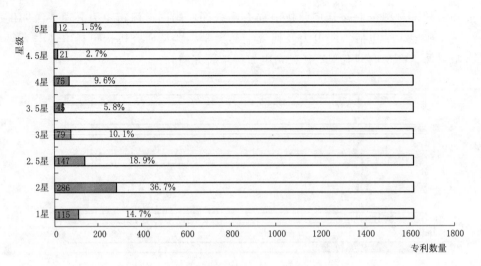

图 7 - 49 光纤传感器技术专利质量分布图

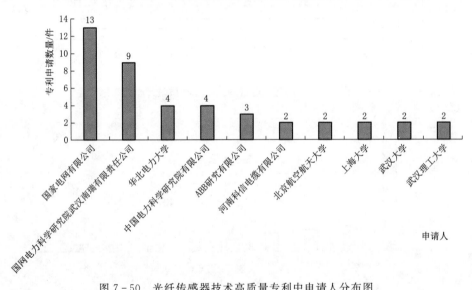

图 7 - 50 光纤传感器技术高质量专利中申请人分布图

国家电网有限公司在高质量专利方面表现突出，其拥有的高质量专利数量遥遥领先于同领域的其他创新主体，达到 13 件。

而从我们已知的创新主体的类型看，高质量专利通常主要分布在网内企业、网内研发机构和大学。典型企业包括国网上海市电力公司、北京四方继保公司，典型研发机构包括中国电力科学研究院有限公司和广东电网电科院，典型大学包括北京航空航天大学、西安工程大学。

5. 光学传感器技术高质量专利分布分析

如图 7 - 51 所示，光学传感器领域专利质量表现逊色。高质量专利（4 星级及以上的专利）占比仅为 7.1％，而且上述高质量专利中，5 星级专利仅占 0.9％。如果将 1～2.5 星级的专利定义为低质量专利，80.4％的专利为低质量专利。

如图 7-52 所示,进一步地,对上述高质量专利的申请人进行分析,结果如下:

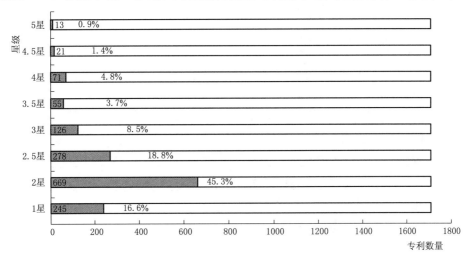

图 7-51 光学传感器技术专利质量分布图

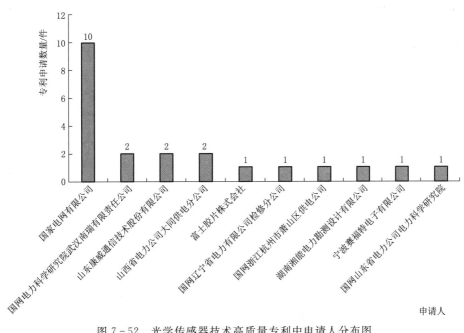

图 7-52 光学传感器技术高质量专利中申请人分布图

国家电网有限公司在高质量专利方面表现突出,其拥有的高质量专利数量遥遥领先于同领域的其他创新主体,数量为 10 件。从创新主体的类型看,高质量专利主要分布在网内企业,典型企业包括国网电科院武汉南瑞公司、山东电力研究院、富士胶片公司、山东康威通信公司等。

6. 环境传感器高质量专利分布分析

如图 7-53 所示,环境传感器领域专利质量表现逊色。高质量专利(4 星级及以上的专利)占比仅为 5.1%,而且上述高质量专利中,5 星级专利仅占 0.4%。如果将 1~2.5

星级的专利定义为低质量专利，84.2％的专利为低质量专利。

如图 7 - 54 所示，进一步地，对上述高质量专利的申请人进行分析，结果如下：

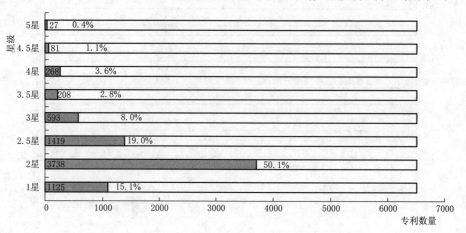

图 7 - 53　环境传感器专利质量分布图

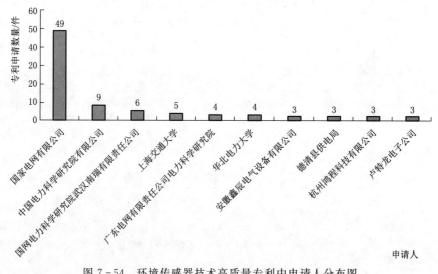

图 7 - 54　环境传感器技术高质量专利中申请人分布图

国家电网有限公司在高质量专利方面表现突出，其拥有的高质量专利数量遥遥领先于同领域的其他创新主体，数量达到 49 件。从创新主体的类型看，高质量专利主要分布在电网企业电科院、大学和非电网企业。典型包括中国电力科学研究院、国网电科院武汉南瑞公司，典型大学包括上海交通大学及华北电力大学，典型非电网企业包括安徽鑫辰电气、杭州鸿程科技等。

7. 其他传感器高质量专利分布分析

如图 7 - 55 所示，其他传感器领域专利质量表现出众。高质量专利（4 星级及以上的专利）占比仅为 16.6％，而且上述高质量专利中，5 星级专利占 3.1％。如果将 1～2.5 星级的专利定义为低质量专利，63.3％的专利为低质量专利。

如图 7 - 56 所示，进一步地，对上述高质量专利的申请人进行分析，结果如下：

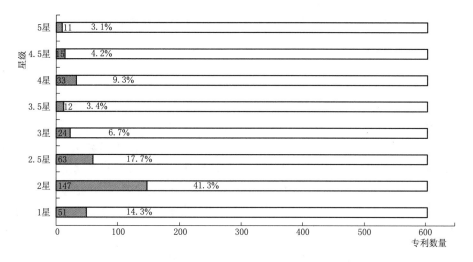

图 7-55 其他传感器专利质量分布图

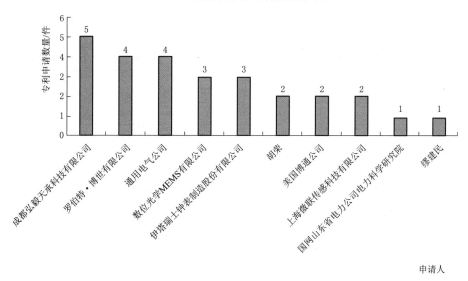

申请人

图 7-56 其他传感器技术高质量专利中申请人分布图

成都弘毅天承科技有限公司、德国罗伯特·博世公司、通用电气公司在高质量专利方面表现突出,占据前三位,其他申请还包括数位光学 MEMS 有限公司、美国博通公司、上海微联传感科技有限公司。从创新主体的类型看,高质量专利主要分布在国外企业手中,值得注意的是成都弘毅天承科技有限公司和上海微联传感科技有限公司在此领域持有少量高质量专利。

可以采用专利质量表征中国在电力传感技术领域的创新价值度,从以上数据可以看出,当前中国在电力传感技术领域的创新价值度不高。

7.3.3.5 专利运营分析

专利运营分析的目的是洞察该领域的申请人对专利显性价值(显性价值即为市场主体利用专利实际获得的现金流)的实现路径。以及不同的显性价值实现路径下,优势申请人和不同类型的申请人选择的路径的区别等。通过上述分析，为电力通信领域申请人在专利运营方面提供借鉴。

1. 专利转让分析

如图 7-57 所示，网内公司是实施专利转让的主要市场主体。按照专利转让数量由高至低对市场主体进行排名，发现排名前 10 的市场主体中，国家电网有限公司的专利转让数量达 153 件，居于榜首，但相对于国家电网有限公司的总专利拥有量，专利转让数量占比较少；位于国家电网有限公司之后的其他市场主体的专利转让的数量与国家电网有限公司的专利转让数量相比，差距较大。位于国家电网有限公司之后的其他市场主体的专利转让数量位于同一数量级，专利转让数量由高至低，可以分为 3 个梯度。位于第一梯度（40~70 件）的市场主体包括 3 个，分别是中国电力科学研究院、平高集团有限公司、国网上海市电力公司。位于第二梯度（20~40 件）的市场主体包括 3 个，分别是国网电力科学研究院武汉南瑞公司、国网天津市电力公司、江苏省电力公司常州供电公司。位于第三梯度（10~20 件）的市场主体包括 3 个，分别是国网武汉高压研究院、江苏省电力公司连云港供电公司、许继集团有限公司。

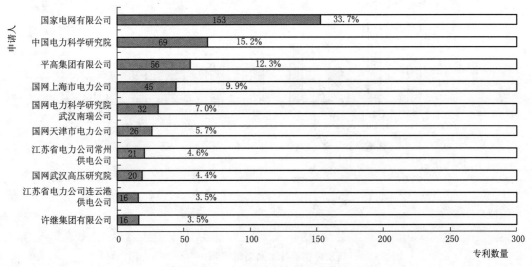

图 7-57 专利转让市场主体排名

通过查询具体转让交易双方，可以发现专利转让行为多发生于利益相关的主体之间，比较理想的转移方式是高校及研究机构将作为研发成果的专利技术转让给市场竞争主体，但这一比例目前还比较小。

2. 专利许可分析

专利许可市场主体排名如图 7-58 所示，创新型企业是实施专利许可路径的主要市场主体。按照专利许可数量由高至低对市场主体进行排名，发现排名前 10 的市场主体中，5家创新型企业，3 家为高校，2 位为个人申请人。

西安交通大学、浙江大学和东南大学的专利许可数量依次为 7 件、5 件和 3 件。创新型企业的许可专利数量基本小于 10 件，其他市场主体的许可专利数量也基本在 3~5 件，数量上基本差异不大，相比于转让，专利许可的数量明显少于专利转让的数量，表明专利许可并非当前电力领域主要的专利价值实现路径。

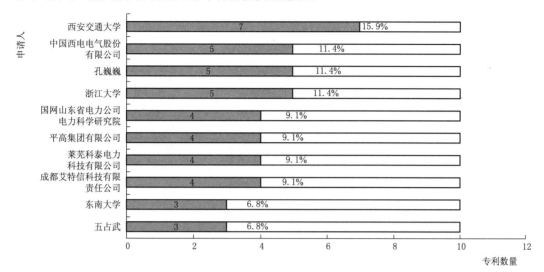

图 7 - 58　专利许可市场主体排名

3. 专利质押分析

　　创新型企业是实施专利质押路径的主要市场主体。如图 7 - 59 所示，按照专利质押数量由高至低对市场主体进行排名，发现排名前 10 的市场主体中，除西安工程大学外，其他均为中小型的创新型网外企业。上述创新型企业中，北京恒源利通电力技术有限公司的专利质押数量为 6 件。紧随其后的西安工程大学和江苏铁一电力科技有限公司的专利质押数量分别为 5 件和 4 件，其他市场主体的专利质押数量逐渐减少为 2 件。整体而言，专利质押已经开始作为企业的重要质押融资手段之一，在不丧失对专利资产所有权的基础上通过质押方式向金融机构将进行质押融资是盘活企业专利资产的重要工具，尤其对于中小型创新企业而言，可以最小代价及时获得发展所需资金。

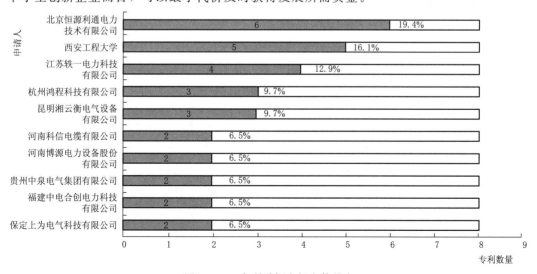

图 7 - 59　专利质押市场主体排名

7.3.4 主要结论

7.3.4.1 基于近两年对比分析的结论

在全球范围内看近两年的趋势变化，2019 年的专利公开量相对于 2018 年的专利公开量略有增加，一方面是因为传感器技术发展作为较为传统的技术目前已经比较成熟，专利申请量变化趋缓，另一方面是国内很多申请人一改往日一味追求数量的做法更加重视专利质量而缩减专利申请数量。

2019 年相对于 2018 年，居于专利申请总量排名榜上的 2019 年新晋级至排名榜上的申请人包括西安交通大学、国网江苏省电力公司、贵州电网公司、深圳供电局有限公司。采用 2019 年的优势申请人相对于 2018 年的优势申请人的变化，从申请人的维度表征创新集中度的变化。2019 年相对于 2018 年，在传感器技术领域的相关技术集中度整体上无变化，局部有调整。

2019 年居于排名榜的新增细分技术分支包括 G01R31/327，为电路断续器、开关或电路断路器的测试的相关技术，该属于传感器在电力领域中的典型应用场景。其他 IPC 分类细分技术分支基本未变，2019 年相对于 2018 年的创新集中度整体上变化不大，局部有所调整。

7.3.4.2 基于全球专利分析的结论

在全球范围内，电力信通领域传感器技术已经累计申请了将近四万件专利。

从近 20 年的整体申请趋势看，经历了萌芽期、增长期、调整期，当前处在调整期。但是，当前除中国外的其他国家/地区的专利申请增速放缓，而中国的专利申请增速显著。中国是提高全球专利申请速度的主要贡献国。采用全球专利申请增长率表征全球在电力领域传感器技术领域的创新活跃度，2008 年之后，中国是驱动全球在电力领域传感器技术领域创新活跃度增高的主要动力源。

从地域布局看，在中国的专利申请位居七国两组织专利申请榜首，日本和美国是除中国之外的第二、第三专利申请大国，但是，在美国和日本的专利申请总量相对于在中国的专利申请总量差距显著。采用在各个国家/地区的专利布局数量表征全球在电力领域传感技术领域的创新集中度，2008 年之后，在中国专利申请增速显著的情况下，中国的创新集中度也表现突出，美国和日本的创新集中度基本相当，与中国有一定的差距。

由于在中国的专利申请总量占据七国两组织的专利申请总量的一半还多，因此排名前 10 位的中国专利申请人占一半，而且专利申请活跃度均表现突出。在中国专利申请总量相对于其他国家/地区的专利申请总量表现突出的情况下，电力领域传感技术的专利集中在中国专利申请人的数量相对于其他国家/地区专利申请人的数量较多，而且，中国专利申请人的创新活跃度相对较高。

在排除中国申请人的情况下，看国外申请人的申请量和活跃度发现，日本申请人的数量表现突出，但专利申请活跃度表现欠佳。电力领域传感技术的专利集中在日本专利申请人的数量相对于其他国家/地区专利申请人的数量较多。但是，日本专利申请人的创新活跃度相对于其他国家/地区的专利申请人的创新活跃度较低。

7.3.4.3 基于中国专利分析的结论

在中国范围内，电力信通领域传感器技术已经累计申请了四万余件专利。从近 20 年的申请趋势看，经历了萌芽期、增长期，当前处在调整时期。当前中国在传感器技术领域的创新活跃度依旧表现突出。

从总的专利申请人前十名看，居于排名榜上的申请人有七成属于供电企业或电力科学研究院。国家电网有限公司以9817件的专利申请总量居于榜首，而且近五年的专利申请活跃度为46.4%。广东电网有限责任公司的专利申请总量虽然排在第五位，但是近五年的专利申请活跃度最高，预计未来几年的排位会随之上升。供电企业和电科院申请人整体的集中度和创新活跃度也相对较高。

从专利申请量来看，电力信通领域传感器技术相关专利外国申请人在华申请量排名中，ABB技术公司、西门子公司、通用电气公司的专利申请量位居前三位。国外申请人在中国的专利申请总量相对于中国本土申请在中国的专利申请总量差距显著。在专利申请总量方面未形成集中优势。

从供电企业专利申请人前十名看，国家电网有限公司以9817件的专利申请总量居于榜首。其他申请主体的专利申请总量较国家电网有限公司均有一定的差距，专利申请数量基本相当，分布于778～200件。但是，近五年的专利申请活跃度上，广东电网公司申请活跃度高达100%，深圳市供电局有限公司申请活跃度为70%，整体上高于国家电网有限公司和中国电力科学研究院有限公司，值得关注。传感器技术在网内申请人的集中度相对于网内研究院的集中度高，网内专利申请人整体的创新活跃度也相对较高。

从国内非供电企业专利申请人前十名看，平高集团以220件的专利申请总量居于榜首，而且，近五年的专利申请活跃度为38.6%。国网新源控股有限公司专利申请活跃度最高为87.3%，其余非供电企业专利申请活跃度接近50%或在50%以下。

从电科院专利申请人前十名看，中国电力科学研究院以700件的专利申请总量居于榜首，但是近五年的专利申请活跃度表现一般。位于其后的其他专利申请人虽然在专利申请总量较中国电力科学研究院有一定的差距，但是近五年的专利申请活跃度整体上高于中国电力科学研究院有限公司。电科院申请人在中国的专利申请总量相对于网内申请人在中国的专利申请总量略有差距，在专利申请总量方面具有集中优势。而且，电科院申请人近五年在传感器技术领域的创新活跃度相对较高，大多活跃度在30%以上。

从高校专利申请人前十名看，华北电力大学以330件的专利申请总量居于榜首，而且近五年的专利申请活跃度表现较好为36.7%。其他高校专利申请人的专利申请总量分布在259～87件，近五年的专利申请活跃度整体上高于华北电力大学。高校申请人在中国的专利申请总量相对于网内申请人在中国的专利申请总量差距显著。在专利申请总量方面未形成集中优势。但是，高校申请人近五年在传感器技术领域的创新活跃度相对较高，例如三峡大学活跃度71.3%，哈尔滨理工大学64.9%。

从专利质量看，传感器技术领域的专利质量表现一般。高质量专利占比较低。持有高质量专利的申请人主要是网内申请人和高校，而且基于与专利拥有量成正比。也就是说，高质量专利持有者前三甲在专利申请总量排名榜中也位于前三甲，分别是国家电网有限公司、中国电力科学研究院有限公司和华北电力大学。采用专利质量表征中国在传感器技术领域的创新价值度，当前中国在传感器技术领域的创新价值度表现一般。

从专利运营来看，专利转让是申请人最为热衷的专利价值实现路径，申请人对专利许可和专利质押路径的热衷度不高。网内申请人、网外申请人和高校是实施专利转让路径的主要市场主体。居于专利转让数量排名榜的前三甲分别是国家电网有限公司、中国电力科学研究院有限公司和平高集团。中国在传感器技术领域的创新价值度整体表现一般的大环境下，网内申请人、网外申请人和高校的创新价值度表现突出。采用专利转让表征中国在传感器技术领域的创新开放度，和较大的专利申请量相比目前中国在传感器技术领域的创新开放度表现不佳。主要的转让方集中在网内申请人或科研院，而受让方基本也以网内申请人或科研院为主。网外申请人和国外企业未上榜。

第 8 章
电力传感新技术产品及应用解决方案

8.1 全光纤电流传感器

8.1.1 产品介绍

全光纤电流传感器也称为光纤电流测量装置、全光纤电流互感器或无源电子式电流互感器，基于磁光法拉第效应原理和安培环路定理，在导体通电后，在导体周围的磁场作用下，两束光波的传播方式发生相对变化，即出现相位差，最终表现为探测器处叠加的光强发生变化，通过测量光强的大小，即可测出对应的电流大小。

全光纤电流传感器的核心关键技术创新点如下：①采用全数字相位置零及调制波复位双闭环控制调制解调技术，攻克电流测量的非线性难题，保证测量装置运行的长期稳定性和可靠性；②采用调制误差补偿技术，有效地抑制了集成光学器件电光调制系数的长期漂移影响；③采用故障模式识别技术实现了光路、电路、通信的故障智能诊断、故障告警与预警；④采用波片相位补偿与低应力绕环、封装技术，实现了传感光纤宽温范围的长期稳定性与可靠性。

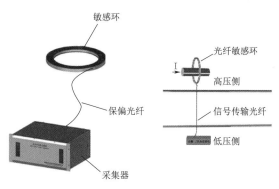

图 8-1 全光纤电流传感器典型结构示意图

全光纤电流传感器典型结构示意图如图 8-1 所示。全光纤电流传感器典型布置模式如图 8-2 所示。

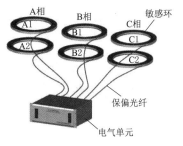

图 8-2 全光纤电流传感器典型布置模式

8.1.2 功能特点

通过大量工程实践证明，基于光学测量原理的全光纤电流传感器具备以下的功能特点：

（1）一次侧传感器免维护。高压一次侧仅有传感光路部分，无任何电量信号，完全实现了光电隔离，具有本质安全和强绝缘能力。一次侧传感器结构简单，光纤具有高可靠性、长寿命的特点，在具备冗余设计的条件下可实现一次侧传感器免维护。

（2）本质安全。全光纤电流传感器高压侧与低压侧通过传感光纤连接，绝缘特性优异，无爆炸、谐振、二次开路等危险。

（3）频带宽、动态范围大。全光纤电流传感器无磁饱和，动态范围大，暂态特性优异，能够实现交直流及高次谐波测量。

（4）智能自诊断。全光纤电流传感器的采集器具有完善的自诊断功能，能判断装置异常状态，并置数据无效标志，能保证在电源中断、电源电压异常、采集模块异常、通信中断、通信异常、装置内部异常等情况下无误输出；能输出自检信息，包括采集模块状态、电源状态、故障信息等信号输出；采样数据的品质标志可实时反映自检状态，不附加延时或展宽。

全光纤电流传感器的采集器具备主动告警功能，在装置尚能正常运行且装置状态有变坏趋势时，在监测到关键状态量接近无效阈值前主动发出告警，便于用户提前安排运维。

（5）不停电运维。全光纤电流传感器一次侧免维护，二次侧采集器安装于智能柜内，一次侧和二次侧实现了完全隔离，二次侧采集器可实现不停电运维。全光纤电流传感器稳态测量精度与传统测量装置最好水平相当，在暂态精度、动态范围、频率范围等动态测量性能、产品安全性能、环保性能（节约能耗、金属耗材）等方面显著优于传统测量装置。

8.1.3 技术参数

全光纤电流传感器产品系列主要参数见表 8－1。

表 8－1 全光纤电流传感器产品系列主要参数

序号	名 称	指 标
1	一次传感器原理	磁光法拉第效应原理
2	额定电压	380V～1000kV（可定制）
3	额定电流	50A～500kA（可定制）
4	二次供电电源	110V/220V DC±20%，＜30W
5	准确级	测量：0.2、0.5
		保护：5TPE
6	输出接口	（1）光数字信号接口：IEC60044－8 FT3 协议 （2）可根据项目需求定制
7	温度范围	－40～70℃

8.1.4　应用成效

1. 攻坚了一系列技术难题

经过多年工程化应用，全光纤电流传感器已经在100多个重点工程投入运行，研发了许多"从0到1"的核心原创成果，型谱化产品覆盖220V～1000kV各个电压等级，攻坚了一系列"卡脖子"技术难题，实现了核心技术国产化替代，打通了人才链、创新链、技术链、价值链、资金链，全面提升了核心竞争力和创新力，全力助推了能源互联网建设，以及创新型国家"大国重器"的生产制造。全光纤电流传感器与高压电气设备集成应用示例图如图8-3所示。

（a）GIS集成　　　　　　　　　　　　　　　（b）开关柜集成

（c）断路器集成　　　　　　（d）DCB集成　　　　　　（e）主变集成

图8-3　全光纤电流传感器与高压电气设备集成应用示例图

2. 与高压电气设备集成应用优势突出

全光纤电流传感器可以与高压交流断路器、气体绝缘开关、变压器、开关柜、高压直流断路器等高压设备一体化集成，解决了高压绝缘及气密问题，节省安装空间80%以上。

3. 拓展了保护测控技术发展空间

全光纤电流传感器是基于光学传感原理的光纤精密测量装置，不仅可以提供基波测量数据，还可以提供暂态波形或全波形测量数据，为保护测控技术发展提供了坚强的技术支撑。

4. 有利于全面提升电力安全生产保障水平

全光纤电流传感器的传感单元和采集器之间通过光纤连接，从根本上实现了高压光电隔离，无电磁能量传递，绝缘特性优异，有效地解决了传统电磁式互感器爆炸、二次开路等危险，有利于全面提升企业的电力系统安全生产保障水平。

全光纤电流传感器真正实现一次设备智能化，具有故障自我诊断的智能化功能，能及时诊断出自身故障并发出预警，避免了由于其自身故障引起保护装置误动作。

5. 大幅度降低了人力运行维护成本

全光纤电流传感器通过内部的光学参量模式识别，进行故障识别，如光路故障、电路故障、通信故障等，并将故障模式发送后台监控系统，方便在线运行监测及故障处理。全光纤电流传感器绝缘性能好，具有智能化功能，大幅度降低了运行维护成本，不需要定期检修，通过状态自诊断即可实现产品维修。当设备运行过程中发出预警信号时，高压一次侧传感器部分可以实现免维护，低压侧采集器部分可以实现一次不停电检修。

6. 技术及产品已在多领域工程中得到应用

全光纤电流传感器实现了我国电气系统电学参量宽频域测量技术的换代性重大突破，解决了一系列技术难题，实现了高精度、宽频带、长期稳定性、高可靠性，打破了国外对核心技术的垄断，为电网、船舶、冶金等国家重大工程提供了基础性的核心技术支撑，促进了我国仪器仪表技术的自主创新与产业发展、光电等相关行业的技术进步，产生了显著的经济与社会效益。全光纤电流传感器目前已在多个省市的变电站 100 多个重点工程中得到应用。但设备性能的稳定性、可靠性仍需要进一步完善提高，目前全光纤电流传感器实现了核心技术国产化替代，已经在不同领域多个电压等级得到应用，需要进一步总结工程应用经验，同时加大应用推广，相关企事业单位要积极参与进来，加强合作，抓住科技创新这个"牛鼻子"，进一步快技术产业化。

8.2　光学电压传感器

8.2.1　产品介绍

光学电压传感器也称为光学电压测量装置、光学电压互感器或无源电子式电压互感器，基于光学泡克尔斯电光效应原理，在导体通电后，当光波通过晶体时，在两个轴上光波之间的相位差会随着电压或电场改变，通过监测光强的变化即可测出对应交流电压的大小。光学电压传感器的关键技术创新点主要有：①采用双极光路互补偿技术，解决信号波动和长期漂移问题；②采用光源消偏技术，解决光源偏振态变化造成信号噪声偏大问题；③采用电压调制跟随技术和小波变换滤波技术，实现电压测量的稳定性；④实现了国家标准规定的环境条件下的长期稳定性、可靠性，达到了 0.2% 的高检测精度。光学电压传感器典型结构示意图如图 8-4 所示。光学电压传感器典型布置模式如图 8-5 所示。

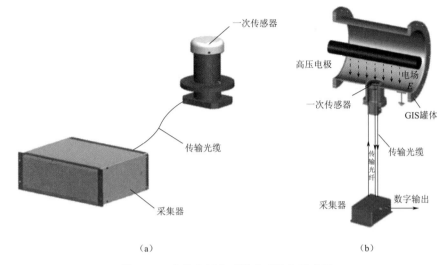

图 8-4 光学电压传感器典型结构示意图

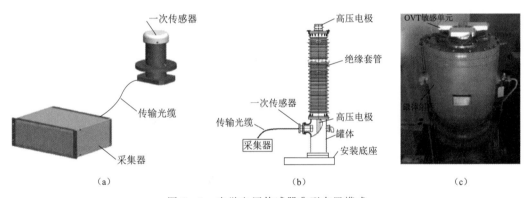

图 8-5 光学电压传感器典型布置模式

8.2.2 功能特点

与全光纤电流互感器相同，基于光学测量原理的光学电压传感器具备以下功能特点：一次传感器免维护、本质安全、频带宽、动态范围大、智能自诊断、不停电运维等。

8.2.3 技术参数

光学电压传感器产品系列主要参数说明见表 8-2。

表 8-2　　　　　　　光学电压传感器产品系列主要参数说明表

序号	名　　称	指　　标
1	一次传感器原理	光学泡克尔斯电光效应原理
2	额定电压	380V～1000kV 等（可定制）
3	额定频率	50Hz

163

序号	名　称	指　标
4	准确级	测量：0.2、0.5 保护：3P
5	二次供电电源	110V 或 220V DC±20％，＜30W
6	输出接口	(1) 光数字信号接口：IEC60044-8 FT3 协议 (2) 可根据项目需求定制
7	温度范围	−40～70℃

8.2.4　应用成效

1. 攻坚了一系列"卡脖子"技术难题

2010 年，率先研制成功基于泡克尔斯效应的光学电压互感器并通过型式试验，此后陆续得到推广应用，研发了许多原创核心技术成果，型谱化产品覆盖 220V～1000kV 各个电压等级，攻坚了一系列"卡脖子"技术难题，实现了核心技术国产化替代，全力助推了能源互联网建设和"大国重器"的生产制造。

2. 与高压电气设备集成应用优势突出

光学电压传感器可以与气体绝缘开关、开关柜等高压设备一体化集成，体积小，节省安装空间。光学电压传感器与高压电气设备集成应用示例图如图 8-6 所示。

（a）10kV开关柜配套的光学电压互感器

（b）中车和谐号CRH2型电力动车组配套的 25kV光学电压互感器

（c）110kV三相共箱式GIS集成的 光学电压互感器

（d）220kV支柱式光学电压互感器

图 8-6　光学电压传感器与高压电气设备集成应用示例图

3. 拓展了电压特种测量技术发展空间

光学电压传感器是基于光学传感原理的光纤精密测量装置，不仅可以提供稳态测量数据，还可以提供暂态波形或全波形测量数据，为电压特种测量技术发展提供了坚强支撑。

4. 有利于全面提升电力安全生产水平

光学电压传感器的传感单元和采集器之间通过光纤连接，从根本上实现高压光电隔离，无电磁能量传递，其绝缘特性优异，有效地解决传统电磁式互感器爆炸、二次短路等问题，提升了电力系统安全生产水平。光学电压传感器真正实现一次设备智能化，具有故障自我诊断的智能化功能，及时诊断出自身故障并发出预警，避免了由于其自身故障引起保护装置误动作问题。

5. 大幅度降低了人力运行维护成本

光学电压传感器通过内部的光学变量模式识别，能够通过内部变量进行故障识别，如光路故障、电路故障、通信故障等，并将故障模式发送后台监控系统，方便在线运行监测及故障处理。光学电压传感器绝缘性能好，具有智能化功能，大幅度降低了运维成本，不需要定期检修，通过状态自诊断即可实现产品状态维修。当设备运行过程中发出预警信号时，高压一次传感器部分可以实现免维护，低压侧采集器部分可以实现一次不停电检修。

6. 技术及产品已在多领域典型工程应用中得到验证

我国的光学电压传感器技术处于国际领先地位，具备完全自主知识产权，已经实现了批量工程化应用，解决了等一系列技术难题，为电网、高铁、船舶等国家重大工程装备提供了基础性的核心技术支撑，对我国仪器仪表技术的自主创新与产业发展、光电等相关行业的技术进步，起到了重要促进作用。光学电压传感器已在多省市的变电站等工程中得到应用，产生了显著的社会效益与经济效益。

光学电压传感器已经在不同领域多个电压等级得到应用，但设备性能的稳定性、可靠性仍需要进一步完善提高，需要进一步总结工程应用经验，同时加大应用推广，加快产业化发展。

8.3 避雷器监测传感器

8.3.1 产品介绍

避雷器阻性电流的增长是判断避雷器故障的最重要参数。受多种因素影响，现场实测的避雷器泄漏电流已经不是避雷器本体的电流，且计算阻性电流，需要电压相位，而现场获取电压相位信号也很不便，避雷器监测传感器可以有效解决以上问题，避雷器监测传感器采用高精度电流互感器及先进的无线同步技术，准确采集避雷器泄漏电流的幅值和同步相位信息。同时结合环境变量，采用智能算法计算避雷器阻性基波电流增长率，无须采集母线电压信号。传感器本体直接并接避雷器泄漏电流表，安装简单方便。传感器采用低功率无线接入网通信协议，有效控制了传感器通信功耗（μW 级），采用可在严苛环境下可长时间稳定放电的进口工业级锂亚酰胺氯电池，可实现对避雷器长期监测。

8.3.2 功能特点

（1）基于最新的国家电网公司标准输变电无线网络协议，实现了避雷器三相泄漏电流的无线同步测量，获得满意的幅值与相角信息。

（2）同时测量环境变量，修正外界干扰对避雷器泄漏电流的影响，修正后的避雷器泄漏电流如果发生变化，是避雷器本身的阻性电流发生了变化，也是避雷器阻性电流增长率数据发生了变化。

（3）传感器采用电池供电，无线传输，方便接入标准无线网络。避雷器监测传感器外观如图 8-7 所示。

图 8-7 避雷器监测传感器外观图

8.3.3 技术参数

光学电压传感器产品系列主要参数说明见表 8-3。

表 8-3　　　　　　光学电压传感器产品系列主要参数说明表

序号	名　　称	指　　标	序号	名　　称	指　　标
1	泄漏电流（基波）测量范围	0.1～5mA	5	电池使用寿命	不低于 3 年
2	泄漏电流（基波）分辨率	10μA	6	无线传输频率	2.4GHz/470MHz
3	泄漏电流（基波）测量误差	±（标准读数×3%＋5μA）	7	无线传输距离	不低于 50m
4	无线同步角差	小于 0.5°	8	防护等级	IP55

8.3.4 应用成效

现已在多省市电网公司的多个变电站应用，并接入电网公司物联网平台，完全可以取代现有的表计，真正实现对避雷器运行状态的远程监控，智能监控，应用效果显著。

8.4 电容器鼓肚形变与温度传感器

8.4.1 产品介绍

电容器鼓肚形变与温度传感器解决了电容器、大型蓄电池等密闭容器类设备的鼓肚与过热故障在线监测问题，可以在尚未发生事故时发现故障，实现早期故障预警，避免重大爆炸或严重变形的故障。

8.4.2 功能特点

以往电容器现场运维主要是采用昂贵的红外热像仪人工检测电容器温度，人工逐个对比各电容器的温升，测试繁琐，并且比对疏漏率比较高，对电容器鼓肚形变则是完全没有监控手段，电容器鼓肚形变与温度传感器首次应用半导体形变传感器结合温度传感器实现了电容器工作温度与形变的在线监测，并实现了早期电容器故障预警。无线应变-

温度传感器节点原理如图8-8所示。

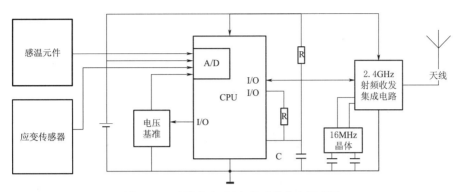

图8-8　无线应变-温度传感器节点原理图

8.4.3　技术参数

电容器鼓肚形变与温度传感器主要技术参数说明见表8-4。

表8-4　　　　　　　　电容器鼓肚形变与温度传感器主要技术参数说明表

序号	名　　称	指　　标
1	通信模式	2.4G 私有协议或兼容 BLE 4.X/5.X 标准协议
2	温度测量范围	$-40\sim+85℃$，$\pm2℃$
3	形变测量范围	$-3000\sim+3000\mu\varepsilon$，$\pm100\mu\varepsilon\pm5\%$rdg
4	工作环境温度	$-40\sim+85℃$
5	平均功耗	$\leqslant10\mu A$（3.6V）
6	电池容量	1200mAh 高温锂亚电池（120℃）
7	外形尺寸	56mm×56mm×23mm（长×宽×高）
8	防护等级：	IP67

8.4.4　应用成效

电容器鼓肚形变与温度传感器在多省市的换流站、变电站得到了应用，实现了长期稳定运行，不更换电池连续运行时间超过10年，验证了产品的可靠性和稳定性。本产品有效地降低运维工作人员的劳动强度，减少了人为疏漏，提高了电容器运行的可靠性，并为电容器缺陷事后分析提供了数据支持，为改进电容器质量提供依据，大大提升了变电站现场运维作业的信息化水平。无线形变-温度传感器现场安装图如图8-9所示。

8.5　多参数融合智能视觉感知传感器

8.5.1　产品介绍

为了实现变电站运行状态的在线监测，满足设备运行和动环状态的缺陷发现、隐患预警及故障告警的智能电网需求，目前均采用在变电站内安装大量的多类型理化参数感知传感器、多光谱的图像视觉传感器。这些大量布置在变电站的视觉感知传感器，不但带来大量的安装与线缆布设的施工，复杂的各自为政的独立物联网络调试工作，还伴随着多传感器多网络带来的大概率的多故障。同时，还需要通过对多类型的视觉感知数据进行分析，才能实现设备运行和动环状态的缺陷发现、隐患预警及故障告警的智能电网目标。多参数融合智能视觉感知传感器可以有效地解决上述的应用困惑。

图 8-9　无线形变-温度传感器现场安装图

8.5.2　功能特点

多参数融合智能视觉感知传感器一体化集成融合高清视频、红外成像、环境温湿度、环境气体、环境噪声、无线宽带国网芯加密网络等视觉感知通信功能，具有以下功能特点：①视觉感知多维参数一体化集成；②非接触安装、带电监测监视；③多参数融合边缘智能计算识别分析；④无线视频级宽带网络，国网芯加密；⑤网络连接故障少，系统调试工作量少；⑥无网线敷设工程，即插即用。多参数融合智能视觉感知传感器示意图如图 8-10 所示。

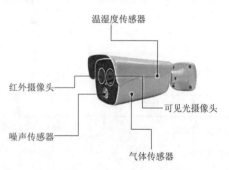

图 8-10　多参数融合智能视觉
感知传感器示意图

8.5.3　技术参数

主要技术参数说明见表 8-5。

表 8-5　　　　　　　　　　主要技术参数说明表

序号	视觉感知	参　　数	序号	视觉感知	参　　数
1	可见光成像	分辨率 1080P，像素 200 万	5	环境噪声	范围 50~120dB，±3dB
2	红外光成像	像素 160×120			频响 30~3kHz
		测温－10~＋150℃，±2%	6	环境气体	CO：0~1000ppm，10ppm
3	环境温度	范围－40~＋85℃，±2℃			H_2S：0~20ppm，0.05ppm
4	环境湿度	范围 0.5%~100%，±5			

8.5.4 应用成效

多参数融合智能视觉感知传感器目前已在示范应用。如图 8-11 所示,安装在变电站的多参数融合智能视觉感知终端产品可实现以下应用成效:①实现对区域内多达 9 个指定目标的温度态势(20～450℃)实现在线定点凝视监测,实现指定目标的外观和开关态势、表计读数在线识别监测;②实现对区域内的移动物体非法侵入、违规吸烟等异常场景双光融合的智能识别监视,以及对变电站室外通道畅通状态、异常热源靠近等环境安防异常状态双光融合的智能识别监视。

如图 8-12 所示,安装在变电站的多参数融合智能视觉感知终端产品可以实现以下应用成效:①通过对异常点位的"红外温升、可见光烟雾、环境温升、CO 气体"等多参数融合分析,实现对电缆层等密闭区域内的电缆密集敷设出口、绝缘母线接头等易热区域非接触在线监测,火灾隐患定位预警和阴燃火灾的定位报警;②通过对"本体温升、母线接头温升、仪表读数识别、环境噪声、环境温湿度、地面图像"等多参数的在线监测、融合分析,智能预告变压器运行状态和环境状态的缺陷、隐患和故障。对开关柜和母线的外观、温升的同步在线定位监测,实现站端的边缘侧数据连续智能处理分析,趋势数据上传,以及异常数据报警。

图 8-11 基于图像识别的变电站
双光融合监测

图 8-12 基于多参数融合分析的
变电站电缆层监测

如图 8-13 所示,通过融合感知分别安装在开关室和电缆层的不同区域多终端产品可实现以下应用成效:①基于开关室与电缆层的多个终端联动、多参数(开关柜面板图像、馈线缆标图像/红外温升参数)融合分析,实现对开关柜电缆接头热故障的非侵入式智能识别监测;②基于开关室与电缆层的多个终端的气体参数融合分析,判别开关室 SF_6 气体的泄漏事件。

8.6 非接触式压板位置传感器

8.6.1 产品介绍

二次压板是继电保护的重要设备,其可视断点是保障继电保护安全运行的重要技术手段，压板位置是否正确关系到电网运行的安全。以往在电网模拟运行、开关投切等操作时完全依赖人工操作，模拟运行的自动化程度低，实际运行的安全性完全依赖于人工操作的准确性和正确性，电网运行存在一定的安全隐患。非接触式压板位置传感器解决了上述问题，实时监测压板的投切位置，实现压板位置的可视化管理，可远程监测压板是否正确投切，避免压板误投切事故。

图 8-13　基于多终端融合感知的开关柜馈线热故障监测

8.6.2　功能特点

非接触式压板位置传感器节点采用了磁敏位置检测技术，实现了非侵入式微功耗位置检测，压板位置的可视化管理。避免了人工核查和输入错漏造成的差错，提升了现场操作的安全性和可靠性。本传感器在压板活动导电板背面粘贴微型永久磁铁，应用微型霍尔磁敏元感知压板变位信息，从而实现压板位置的非接触可信监测，同时还采用了微功耗无线传感器自组网技术，无须布线实现压板位置监测，极大地提升了传感器的易用性。

8.6.3　技术参数

非接触式压板位置传感器技术参数说明见表 8-6。

表 8-6　　　　　　　　　非接触式压板位置传感器技术参数说明表

序号	名　　称	指　　标
1	通信模式	2.4～2.5GHz；私有协议或兼容 BLE 4./5.X 标准协议
2	状态响应时间	<3s
3	平均工作电流	<5μA（3.6V，25℃）
4	供电方式	1200mAh 锂亚电池
5	工作环境温度	−40～+85℃
6	外形尺寸	44mm×29mm×17mm（长×宽×高）
8	防护等级	IP67

8.6.4 应用成效

非接触式压板位置传感器在多个换流站应用，大幅度减少人工复核的工作量，减少人工错漏，实现一键顺控操作自动复核，提升现场运行管理的工作效率和工作质量。压板监测传感器现场安装图如图 8-14 所示。

图 8-14 压板监测传感器现场安装图

8.7 微型智能电流传感器

8.7.1 产品介绍

10kV/0.4kV 架空线/电缆节点众多，其节点位置、线路类型、用电特征均不相同，需建立分布式、多节点的电流测量系统。现有的电流测量方式多基于互感器设计，体积较大，功能单一，不适宜广泛布置。微型智能电流传感器，具备无源无线、微体积、易操作、智能化等特点，可完成电流有效值、波形等的非接触式实时采集与无线传输，实现电网运行状态实时感知，为电网运行、服务、检修提供基础数据支撑。

8.7.2 功能特点

通过在电力系统电缆、铜排等加装微型智能电流传感器，结合新型传感技术、信号处理技术、计算机技术、人工智能技术，对电力设备电流数据进行实时监控，实现智能运维。微型智能电流传感器具备微型化、智能化、分布式等特点，采用先进的磁阻传感原理，可实现电流量的非接触测量；基于电磁场取能原理，实现无源无线的供电方式；进行功耗分析与优化，使传感器具备低电流启动特性；基于蓝牙通信技术，构建传感器无线通信传输网络，保障数据的低延迟接入与无线传输，支持便携式终端实现在线访问；传感器采用卡扣式设计，即插即用，可快速安装拆除，亦支持带电操作，可广泛应用于各类电力生产场景。微型智能电流传感器产品外观图及微型智能电流传感器网络拓扑图分别如图 8-15、图 8-16 所示。

图 8-15 微型智能电流传感器产品外观图

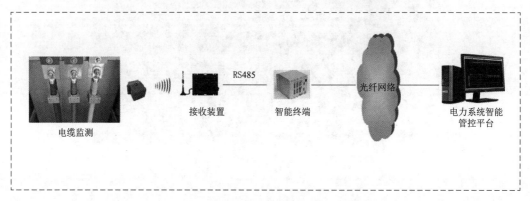

图 8-16 微型智能电流传感器网络拓扑图

8.7.3 技术参数

微型智能电流传感器主要参数见表 8-7。

表 8-7   微型智能电流传感器主要参数表

序号	名　称	指　标	序号	名　称	指　标
1	传感原理	磁阻效应	6	尺寸大小	65mm×56mm×25mm
2	供电方式	线圈取能，启动电流≤5A	7	适用线径	直径<30mm
3	通信方式	蓝牙	8	采样频率	10kHz
4	额定电流	400/600A	9	采样间隔	<10s，可配置
5	精度等级	0.5s	10	温度范围	-40~80℃

8.7.4 应用成效

微型智能电流传感器体积小巧，安装简便，可有效减少施工成本和用电成本；可实现电力设备负荷电流实时监测，有效缩短预警时间，提高电力系统事故预警和应急处置能力，保障供电可靠性和电力系统安全稳定性；可集成电流谐波测量、故障录波、温度测量、无线通信等多种功能于一体，推动配电网深度感知；支持非停电安装方式，可实现无线空中升级维护，便于在数字电网中广泛部署，为电网运行、服务、检修提供基础数据支撑。

目前，微型智能传感器产品已在多省市供电局的 10kV 配电房中安装应用如图 8-17 所示。实现了电流数据的实时测量，为数字电网构筑广域传感神经网络提供了有效解决方案，为电网安全运行、精准运维提供了可靠的数据支撑，也为客户增值服务等业务提供了数据支撑，有力地促进了数字电网和能源互联网的建设。继续坚持技术先进、经济合理、安全可靠的基本原则，开展传感产品的应用推广工作，针对监测、感知能力建设中的薄弱环节进行针对性地建设和改造，可有效加强电力系统对突发事故的预警能力和防御能力，减少电力设备过负荷事故造成的经济财产损失，极大地提高电力系统安全运行水平。

图 8-17 微型智能电流传感器用于
10kV 出线电流监测

8.8 微型智能电压传感器

8.8.1 产品介绍

智能电网的加速建设以及电网数字化、智能化和自动化程度的不断提高，电压传感器将面临数字化、小型化及便捷化的发展需要。对于当前的电网 35kV/10kV 系统，其电压值和波形测量多基于电压互感器进行，电压互感器体积大、绝缘要求高、采集系统需单独设计，不适合架空线、母排及各类柜体上的广泛布置。微型智能电压传感器具备无源无线、微体积、智能化等特点，可广泛布置，满足广泛的电压测量需求，实现电压有效值、波形的非接触式实时采集与无线传输，实现配电网运行状态实时感知，为电网运行、服务、检修提供基础数据支撑。微型智能电压传感器如图 8-18 所示。

图 8-18 微型智能电压传感器

8.8.2 功能特点

微型智能电压传感器从微型化、智能化、分布式方向入手，采用先进的微型电场传感原理，通过电场测量和边缘计算实现电压数据的非接触测量。传感器终端体积微小，操作便捷，支持架空线、母排等不同场景的广泛部署；基于电磁场取能原理，可实现无源无线长久供电；基于蓝牙通信技术构建传感器无线通信传输网络，可保障数据的低延迟接入与无线传输，支持便携式终端实现在线访问；采用粘贴式设计，即插即用，支持快速安装与拆除，并支持带电操作，可广泛应用于各类电力生产场景。

8.8.3 技术参数

微型智能电压传感器主要参数说明见表 8-8。

表 8 – 8　　　　　　　　　　　　微型智能电压传感器主要参数说明表

序号	名　称	指　标	序号	名　称	指　标
1	一次传感器原理	电场测量方式	6	尺寸大小	传感部分：30mm×25mm×15mm
2	供电方式	线圈取能，启动电流≤5A	7	采样频率	10kHz
3	通信方式	蓝牙	8	采样间隔	＜10s，可配置
4	额定电压	10kV/35kV	9	温度范围	−40～80℃
5	精度等级	0.5			

8.8.4　应用成效

　　微型智能电压传感器体积微小、易于安装，可有效减少施工、运维和用电成本，可为紧凑型智能变电站和智能配电房的发展提供数据采集基础；操作便捷，易于部署，可实现电力系统中各个节点的电压数据监测，实时收集电网及其他设备的运行状态信息，进一步推进配电网深度感知，为电网的故障诊断等高级应用提供底层数据支撑；具备自诊断、自补偿、自适应等能力，具备数字化和智能化特征，可实现空中配置与升级，可为能源互联网构筑广域传感神经网络提供有效解决方案。目前，微型智能电压传感器已在电网公司开展了原理样机验证，并已开始进行微型智能电压传感器的生产环境试点。微型智能电压传感器可实现电压数据的实时测量，将大幅提升电网可观性，为电网安全运行、精准运维和客户增值服务提供可靠的数据支撑。

8.9　全光纤传感智能电力变压器

8.9.1　产品介绍

　　全光纤传感智能电力变压器采用多参量感知光纤传感器与变压器本体一体化融合设计技术，满足智慧变电站"防火耐爆、本质安全、状态感知、免（少）维护、标准设备、绿色环保"等一体化智能设备的要求，是智慧变电站核心设备之一。基于光纤光栅传感技术、光纤振动传感技术、光纤超声传感技术，实现变压器绕组热点温度及温度场分布、绕组动态压紧力、机械振动、局部放电等内部状态的全面深度感知；采用胶浸纸干式套管、耐高温自粘性换位导线，提升变压器安全水平，采用数字式气体继电器、智能型免维护呼吸器、免维护油中溶解气体在线监测等数字化、免维护组部件，提升了变压器智能化和免维护水平，支撑了国内首座智慧变电站示范建设。

8.9.2　功能特点

　　全光纤传感智能电力变压器在研制过程充分研究应用新型感知技术和组部件，创新加工工艺和生产制造技术，在以下方面体现了其先进性和创新性：

　　1. 全光纤状态感知，一体化融合设计

　　针对变压器内部绕组状态感知，应用基于光纤光栅技术的光纤温度、压力和振动传感器分别监测绕组热点和准分布式温度场、绕组变形及机械振动状态，应用基于法布里泊（F－P）滤波器的光纤超声局放传感器，监测变压器内部缺陷；针对光纤传感点数多、线路杂问题，通过大量仿真分析和真型试验，优化监测点布置和内部结构设计，实现一体化融合，提升状态感知准确度，实现了本质影响最低化。

2. 改进生产工艺，提升本质安全

针对内置光纤传感器固定问题，全光纤传感智能电力变压器创新性地采用斜角十字星封装工艺和精准圆角开槽工艺，减少了胶的使用，可降低运行过程中气泡的产生，同时，提高了光纤传感器安装的可靠和检测的准确性；针对变压器炸裂起火隐患和抗短路能力降低问题，全光纤传感智能电力变压器选用胶浸纸干式套管和高质量耐高温自粘性换位导线，根据对危险点调研分析，在关键处应用，在提升变压器本质安全的同时，成本也得到有效管控。

3. 模块化组部件，降低运维成本

针对变压器运维量大的问题，全光纤传感智能电力变压器采用预制式就地设备舱，模块化配置相关智能组件，同时选用免维护油中气体和微水监测装置、免维护呼吸器等装置，大大降低变压器的运维工作量。

系统结构图如图 8-19 所示。

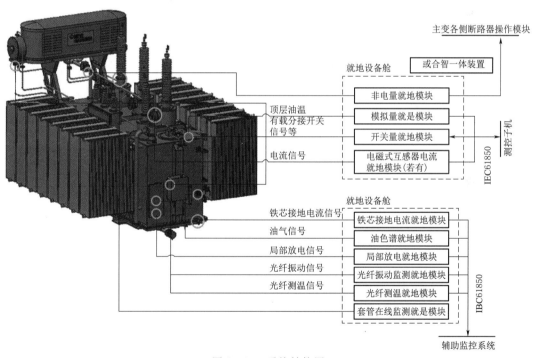

图 8-19 系统结构图

8.9.3 关键技术

（1）全光纤传感智能电力变压器基于光纤光栅传感技术、光纤振动传感技术、光纤超声传感技术等，实现了变压器绕组热点温度及局部温度场分布、绕组动态压紧力、铁心振动、局部放电等内部状态的感知。

（2）基于变压器器身绝缘结构，采用十字星封装及精准圆角开槽工艺等一体化融合技术，实现变压器本体本质安全，以及光纤传感系统的可靠固定和防护。

（3）采用多物理场仿真与真型试验分析，提出变压器内部多参量光纤传感器布置安装工艺，便于全光纤传感智能电力变压器的高效生产及后期现场检修。

8.9.4 应用成效

全光纤传感智能电力变压器解决了变压器内部运行状态监测手段有限、维护工作量大、存在爆炸着火隐患和抗短路能力低等问题，能够实现变压器内部热、机械、绝缘等状态的综合监测，深度感知变压器运行状态，为预判变压器停电检修、超前制定检修策略提供有效支撑；采用一体化融合设计、先进生产工艺和材料，可提升变压器本质安全，进一步减少变压器发生故障的概率，延长变压器的使用寿命；选用免（少）维护组部件，减少了设备维护和更新费用，降低了变电运维人员带来的不安全因素和劳动负荷，提高运维检修工作效率，降低电网运维成本，实现减员增效的目的。

另外，全光纤传感智能电力变压器的广泛应用可有效地增强电网的智能化水平及信息化水平，显著缩短电力系统非计划停电时间，提升电网的安全和运行可靠性，为经济社会可持续发展提供安全、稳定、可靠、优质的电力保障。

全光纤传感智能电力变压器采用多参量光纤传感器与变压器本体一体化融合设计技术，实现变压器内部绝缘、机械、过热状态的实时监测，满足智慧变电站试点建设需求，目前已在智慧变电站建设中推广应用。

8.10 智能导线时空运动参数监测装置

8.10.1 方案介绍

高压输电线路对地距离、交跨距离是关系到线路安全运行的重要参数，存在自然风影响下线路产生的低频、大幅度的自激舞动是输电线路安全运行的隐患。近几年，随着电力系统检修工作的开展和智能电网的建设，输电线路在线监测技术得到迅速发展，电网公司增加了对输电线路覆冰、舞动、绝缘子污秽、交跨距离等监测技术的研究投入，以实现对特高压线路、跨区电网、大跨越、灾害多发区的环境参数（对地距离、交跨距离、温度、湿度、风速、风向、雨量、气压等）和运行状态参数（污秽、风偏、振动、舞动等）的实时在线监测，开展状态评估和灾害预警。

8.10.2 功能特点

智能导线时空运动参数监测装置采用先进的北斗差分定位模块、毫米波雷达测距模块、MEMS 微机电 IMU 惯性测量模块、微功耗计算芯片及高效率的信息处理算法软件、低功耗无线链路、低功耗专用国密安全加密芯片，获取线路的多维时空运动参数，并以电磁感应取电或太阳能取电方式获取能源，实现高可靠、长寿命的实时对地距离与交跨距离多目标距离监测，以及导线空间运动时空参数监测。

主要技术指标如下：

（1）导线空间运动采样频率：$\geqslant 60\,\mathrm{Hz}$。

（2）导线空间运动采样频率数据上报间隔：5~240min（默认 15min）。

（3）导线空间运动采样频率测量：0.1~5Hz。

（4）导线空间运动采样频率幅度测量综合误差：±10%。

（5）北斗定位：定位精度：±1m，RTK 定位精度±0.05m（需配合杆塔上基站RTK 差分定位）。

（6）无线通信工作频率：2.4~2.5GHz 可兼容 BLE4.X/5.X 协议。

（7）供电：感应取能＋太阳能取能。

（8）毫米波对地测距：5~200m，精度：±0.01m，可同时识别目标 8 个。

（9）整体安装尺寸：150mm×139mm×122mm。

（10）重量：≤3kg。

（11）防护等级：IP67。

8.10.3 关键技术

1. 精确定位

采用北斗精确定位或 RTK 差分定位为导线故障监测提供精确时空位置信息，为导线弧垂计算提供参考信息。

2. 多目标精确测距

采用毫米波雷达获取导线对地面多目标的实时距离信息，可同时获取导线跨越间距、导线对铁路、公路、桥梁、树梢及地面等多目标的距离信息；实时计算弧垂数据为输电线路通道安全、增容输电提供信息支撑。

3. 实时运动感知

采用 6 轴惯性运动感知单元（IMU）获取导线空中运动姿态，实时积算导线空中运动位置和运动幅度等导线时空位置信息，及时预警导线舞动事件。

4. 微功耗自组网通信

采用微功耗设计和机电一体化设计，实现了装置的小型化和强电磁场防护，微型太阳能电池就可以正常维持监测与组网通信工作。安装在间隔棒和导线上的导线时空运动监测装置分别如图 8-20、图 8-21 所示。

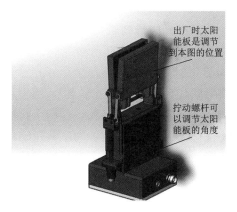
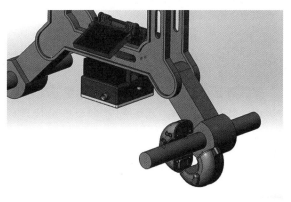

图 8-20 安装在间隔棒上的导线时空运动监测装置

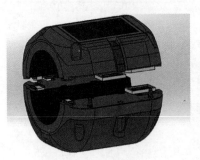

图 8 - 21　安装在导线上的导线时空运动监测装置

8.10.4　应用成效

智能导线时空运动参数监测装置已成功在多地应用推广，极大地提升了对输电线路运行时空位置和运动状态信息的把控能力，实时监测导线的空中运动轨迹，导线交跨距离与对地距离，导线弧垂等重要参数，为导线安全增容和运维管理提供了信息支撑，提升输电线路运行管理工作的效率和质量。

8.11　智慧变电站物联感知边缘物联代理（接入节点）应用

8.11.1　方案介绍

针对现存大量传感设备未充分发挥作用，各专业系统自成体系，传感设备重复部署，难以满足终端统一接入的管理要求；无法充分挖掘数据在提高电网安全运行水平、效率效益和工作质量等方面的价值，传统的在线监测仍主要依赖于值班人员的专业素养和主观能动性；网建设认识不深，标准接入方式普及有限，接入设备缺乏统一标准，错误接入等问题，基于电力物联网架构体系的安全接入、设备管理及边缘计算、嵌入式系统的软硬件架构的要求，秉承"边端分离"的思路，开发出智慧变电站物联感知边缘物联代理（接入节点）应用解决方案。电力智慧物联网边缘物联代理接入节点如图 8 - 22 所示。

图 8 - 22　电力智慧物联网边缘物联代理接入节点

该装置是一套统一的应用于输、变、配电的边缘物联代理装置（接入节点），用于解决边端一体造成的单一现场配置多个边缘代理或感知终端重复配置的问题，是电力物联网感知层的核心设备，是实现"数据一个源"和"统一接入、边缘智能、共享共用"的关键设备。

通过在输、变、配电系统中配置边缘物联代理，实现各种微功率、低功耗无线传感器以及有线传感器的自由组网，南向可实现不同厂家、不同类型、不同协议、不同通信方式的传感器数据接入配置，实现汇聚单元统一接口协议和统一通信协议接入，北向可通过安全加密芯片或安全加密程序实现与汇聚单元及物联网平台的安全通信。凭借 EdgeX Foundry（国际物联网边缘计算软件框架），实现边缘算法 App 在边缘物联代理（接入节点）本地搭载，也可以通过云端对本节点内的边缘算法 App 进行远程更新，实现高级应用算法远程部署，充分发挥传感设备数据的价值。

8.11.2　功能特点

（1）具备轻量级数据库功能。例如 MYSQL、Fast dB 等数据管理功能。

（2）南向支持 MQTT、MODBUS、国网低功耗组网等通信协议。

（3）南向数据采集功能，具备通过配置即可完成数据采集的功能，采用 Edge X 等物联网框架。

（4）南向通信支持 SM1、SM2、SM4 等国家标准加密策略算法。

（5）南向与汇聚节点通信采用硬件指纹认证方式进行身份认证管理功能。

（6）边缘物联代理（接入节点）支持多路有线和无线通信，有线包括以太网、光纤和 RS 485，无线包括 Wi-Fi、LoRa 和 ZigBee。

8.11.3　关键技术

（1）硬件。ARM 架构处理器比传统 X86 架构更能满足电网公司在监控终端领域的信息安全需求；产品一体化设计，功能模块高度集成，且经历三次迭代更新，电路模块一体化设计，产品运行稳定性高。边缘物联代理接入节点内部结构图如图 8-23 所示。

（2）软件。110kV 潮音站在线监测接入输变电在线监测系统截图如图 8-24 所示。微应用展示界面如图 8-25 所示。

图 8-23　边缘物联代理接入
节点内部结构图

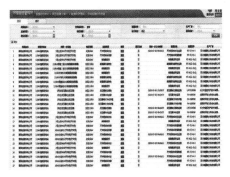

图 8-24　110kV 潮音站在线监测接入
输变电在线监测系统截图

北向上传：支持向物联网管理平台、输变电在线监测系统、站内局域网平台同时安全传输数据，可集成数据硬加密或软加密确保数安全。南向采集：应用 EdgeX Foundry（国际物联网边缘计算软件框架），实现基于容器技术部署边缘计算 App（包含开关柜测温、开关柜局放、开关柜机械特性、断路器机械特性、避雷器、SF_6 压力微水、蓄电池在线监测、变压器铁芯夹件、变压器短路冲击边缘计算）。"微应用"：配合省公司开发智能运检分析管控平台微应用，目前已在多个省市供电公司应用。

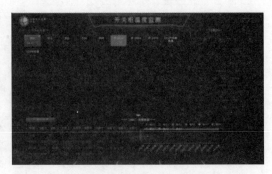

（a）开关柜综合状态在线监测 App 界面　　　　　　（b）开关柜温度在线监测 App 界面

图 8-25　微应用展示界面

8.11.4　应用成效

该解决方案目前已在电网公司输变电物联网建设重点示范项目中得到了深度应用，南向通过与变电站各感知系统连接，实现了不同厂家、不同类型、不同协议、不同通信方式的传感器数据按照国网物联网通信协议接入，实现了开关柜温度、局放、断路器机械特性、避雷器泄漏电流、变压器铁芯接地电流等状态的全面感知；北向通过与国家电网物联网平台、智能运维管控平台的联合调试，实现了物联网平台的安全接入，在全国范围内率先完成了多种低功耗微功耗传感器、多种汇聚节点-边缘物联代理-微型网关-物联网平台的数据有效通信；边缘计算上已实现集中展示、主动预警、趋势分析、历史分析等功能。

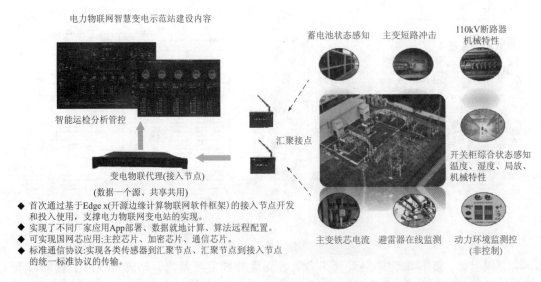

图 8-26　某示范站建设实施内容

2020 年 6 月，某供电公司完成变电站开关柜综合状态在线监测数据接入工作，遵照《国家电网有限公司输变电设备物联网建设方案》成功将数据接入到智能运检分析管控平台及输变电在线监测系统（Ⅰ型安全网关接入模式）。

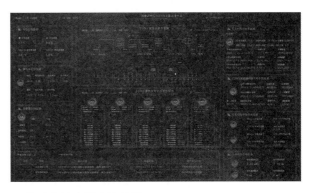

图 8-27 某示范站建设实施效果

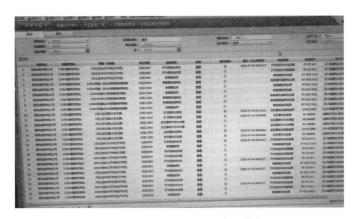

图 8-28 某示范站内网接入信息

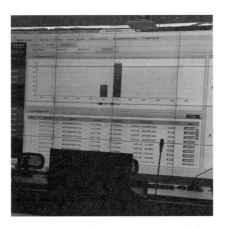

图 8-29 电网公司运检智能化分析管控平台内网查看界面

第9章
电力传感器技术产业发展建议

传感器产业是半导体产业重要的组成部分，也是信息产业的重要支柱。芯片是国家信息技术产业的"心脏"，传感器则是"五官"，起着信息采集、传递的功能。而随着能源互联时代的开启，作为联系物理世界和信息世界重要纽带的传感器，对信息技术在电力行业的应用起到了至关重要的支撑作用。在发展电力传感器的过程中，我们应重点开发电力传感器敏感材料、突破智能传感器核心算法，发挥上下游协同作用，形成更加贴合电力行业应用与市场需求的传感器解决方案，不断丰富传感器应用场景，扩大电力传感器市场规模。

9.1 产业链上游企业应加强新型传感器材料研发

材料是传感器产业发展的基石。传感器的性能依附于敏感机理和敏感材料，而且材料是制造必不可少的环节，材料的质量和供应直接影响着传感器的质量和竞争力。传感器材料主要有半导体材料、陶瓷材料、金属材料、有机分子材料、光纤材料和磁性材料六大类材料。如图9-1所示，从全球市场发展趋势来看，磁性材料和压敏、压电、温湿度、气敏等陶瓷材料占据全球传感器材料的主要份额，但是力敏、光敏、磁敏、气敏、声敏等半导体敏感材料近年来在整个材料市场的占比正在迅速提升。2016—2021年全球智能传感器材料市场发展及预测如图9-1所示。

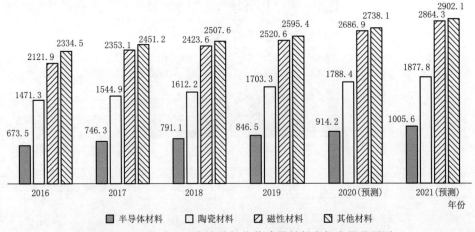

图9-1　2016—2021年全球智能传感器材料市场发展及预测

（数据来源：赛迪顾问，2020年7月）

电力传感器材料企业应注重提升自主创新能力，进行具有较高技术水平和市场前景的敏感材料开发，尤其是加强针对特殊应用场景的新型材料开发。例如在发电、输配电、用电过程中涉及声表面波、红外及热电堆等非接触型温度检测需求，电力传感器材料企业应针对这些特殊场景应用需求，以需求带动供给，注重新型材料技术的研发。同时，随着输配电过程中磁阻电流传感技术、新型电压传感技术及电流取能技术等的不断突破与试用，对于电力传感器材料企业也提出了更为高标准的要求，电力传感器材料企业应紧跟市场需求的变化和调整，做好产业链上游布局。

在关键材料领域以政府为主导，各电力行业企业单位与研究机构联合研究，攻关大型基础研究项目，开发关键技术，扩大具有自主知识产权的半导体材料产品的比例，为企业的发展提供平台。不断加强与国内外重点企业和科研院所的技术合作，通过团队引进、联合研发、设立研发中心等方式开展前沿技术，特别是高端材料的研发和产业化，为提升电力传感器产业整体技术水平和可持续发展能力奠定坚实基础。

9.2 电力智能传感器系统企业着力软件算法设计

随着智能电网建设的逐步推进，电网对信息感知的广度、深度和密度不断提高，智能传感器将在发电装备故障诊断与健康监测、电网运行过程信息全面感知、智能化安全用电等领域发挥关键作用。

智能传感器是集成传感芯片、通信芯片、微处理器、驱动程序、软件算法等于一体的系统级产品。其中，全球智能传感器软件和算法市场规模近年来不断扩大，预计2022年市场规模达到962.3亿元，形成千亿级别市场，软件和算法已经成为智能传感器最基本的要素之一。传感器高灵敏、低误差、智能化的实现对算法设计提出了较高要求。电力

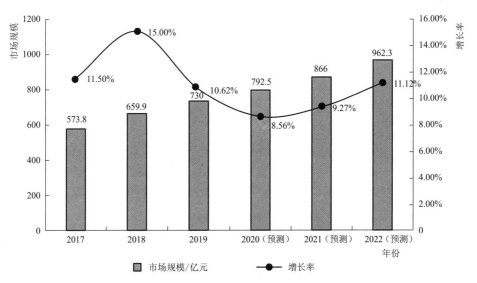

图9-2 2017—2022年全球智能传感器软件和算法市场发展及预测

（数据来源：赛迪顾问，2020年7月）

行业企业只有持续加大在智能传感器算法和软件领域的创新力度，才能充分发挥智能传感器的使用价值，实现高精度的信息采集、高利润价值以及功能的多样化。

未来传感器技术将与人工智能、边缘计算等技术持续深入融合，软件算法对传感器的影响愈发重要。电力传感器芯片企业应注重突破算法与集成技术，重点发展模拟分析类软件与器件结构设计软件等基础软件，以及 AI、边缘计算、多传感器融合、多元线性回归分析等算法。与此同时，随着智能感知范围从电网拓展到智慧园区、智能家居等领域，相关电力传感器芯片企业还应持续优化智能传感器算法和软件功能，积极开发适用于更多应用场景的智能传感器产品，不断提升信息处理效率。2017—2022 年全球智能传感器软件和算法市场发展及预测如图 9-2 所示。

9.3 上下游协同推进 MEMS 在电力市场规模应用

随着物联网应用的兴起，MEMS（Micro Electromechanical System，微机电系统）进入了高速发展时期，其在国民经济各个方面都有着广泛的应用前景，在声学、光学、汽车工业、航空航天、生物和能源等领域均获得了广泛的应用。2017—2019 年，MEMS 领域投融资金额逐年上涨，MEMS 与 AI 的结合成为 2019 年 MEMS 领域最受投资关注的领域。2017—2019 年中国 MEMS 行业投融资金额及 2019 年各项占比如图 9-3 所示。

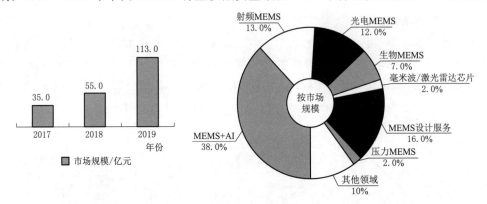

图 9-3 2017—2019 年中国 MEMS 行业投融资金额及 2019 年各项占比

（数据来源：赛迪顾问，2020 年 7 月）

MEMS 是一个独立的智能系统，可大批量生产，具有体积小、价格便宜、便于集成等特点，可以明显提高系统测试精度。目前，MEMS 技术日渐成熟，可以制作各种能敏感和检测力学量、磁学量、热学量、化学量和生物量的微型传感器，有效节约企业生产成本、提高生产效率、保障产品质量，助力电力信息通信技术产业发展。

MEMS 上游设计环节学科交叉性强，研发难度大，量产周期长，中游生产制造环节，与半导体制造技术相关，制程工艺对产品性能影响较大。电力行业相关 MEMS 传感器企业应在现有技术基础上，广泛吸收、消化、跟踪国外先进技术的同时，加大技术创新，并逐步实现自主开发、自我发展的良性循环；积极整合企业内外部资源，向产业链的上下游拓深延展，构建自身的产业生态，布局潜力市场，实现产品的创新应用和推广。而在 MEMS 应用领域，能源互联网应用领军企业可以携手相关传感器厂商，针对电力行业的特定需求，结合传感器、终端伙伴以及行业伙伴的实战经验，打造贴合电力行业应用与市场需求的、通用的能源互联网综合应用解决方案，从而使众多中小企业加入生态链并展现其宝贵价值，打造平价传感器电商平台，提供质优价廉、即插即用的传感器产品，为能源互联网应用厂商解决传感器选型难、购买难问题。

9.4 电力传感器企业应关注存量市场与检测应用

随着各类低功耗、宽频带、高频响、高动态范围电力传感器的应用，电力传感器正在为电力行业各类检测应用场景提供较传统检测方案而言更为准确、便捷的解决方案。电力传感器应用企业应关注存量市场，积极扩大产品市场占有率，与此同时，加强对电网运行过程信息的实时感知，从而达到需求侧柔性负荷资源充分利用的效果。

电力用电环节，在智能电网快速发展的带动下，智能硬件设备替换传统硬件设备的市场具有较大的存量空间，电力传感器应用企业可通过优化场景应用提高市场渗透率，占领更大的市场份额。

电力检测环节，应用智能传感器的重要性越来越突出，电力传感器相关应用企业应注重电力传感器在高电压大电流测量、输变电线路运行状态测量、光缆电缆线路故障监测等领域的检测应用，实时分析设备运行状态，有效避免电力供给端出现问题不能及时修复对于生产所造成的巨大损失。不断拓宽电力传感器在日常各类检测应用场景的使用范围，提高传感器及量测装置在电能质量监测、负荷情况监测等领域的渗透率，使得需求侧柔性负荷资源得到充分利用，改善供需侧矛盾，提高电力系统运行效率。

附录 A
基于专利的企业技术创新力评价思路和方法

A1 研究思路

A1.1 基于专利的企业技术创新力评价研究思路

构建一套衡量企业技术创新力的指标体系。围绕企业高质量发展的特征和内涵，按照科学性与完备性、层次性与单义性、可计算与可操作性、动态性以及可通用性等原则，从众多的专利指标中选取便于度量、较为灵敏的重点指标（创新活跃度、创新集中度、创新开放度、创新价值度），以专利数据为基础构建一套适合衡量企业创新发展、高质量发展要求的科学合理评价指标体系。

A1.2 电力传感器技术领域专利分析研究思路

（1）在传感器技术领域内，制定技术分解表。技术分解表中包括不同等级，每一等级下对应多个技术分支。对每一技术分支做深入研究，以明确检索边界。

（2）基于技术分解表所确定的检索边界制定检索策略，确定检索要素（如关键词和/或分类号）。并通过科技文献、专利文献、网络咨询等渠道扩展检索要素。基于检索策略将扩展后的检索要素进行逻辑运算，最终形成传感器技术领域的检索式。

（3）选择多个专利信息检索平台，利用检索式从专利信息检索平台上采集、清洗数据。清洗数据包括同族合并、申请号合并、申请人名称规范、去除噪音等，最终形成用于专利分析的专利数据集合。

（4）基于专利数据集合，开展企业技术创新力评价，并在全球和中国范围内从多个维度展开专利分析。

A2 研究方法

A2.1 基于专利的企业技术创新力评价研究方法

A2.1.1 基于专利的企业技术创新力评价指标选取原则

评价企业技术创新力的指标体系的建立原则围绕企业高质量发展的特征和内涵，从众多的专利指标中选取便于度量、较为灵敏的重点指标来构建，即需遵循科学性与完备性、层次性与单义性、可计算与可操作性、相对稳定性与绝对动态性相结合以及可通用性等原则。

1. 科学性与完备性原则

科学性原则指的是指标的选取和指标体系的建立应科学规范。包括指标的选取、权重系数的确定、数据的选取等必须以科学理论为依据，即必优先满足科学性原则。根据这一原则，指标概念必须清晰明确，且具有一定的、具体的科学含义同时，设置的指标必须以客观存在的事实为基础，这样才能客观反映其所标识、度量的系统的发展特性。完备性原则，企业技术创新力评价指标体系作为一个整体，所选取指标的范围应尽可能涵盖可企业高质量发展的概念与特征的主要方面和特点，不能只对高质量发展的某个方面进行评价，防止以偏概全。

2. 层次性与单义性原则

专利对企业技术创新力的支撑是一项复杂的系统工程，具有一定的层次结构，这是复杂大系统的一个重要特性。因此，专利支撑企业技术创新力发展的指标体系所选择的指标应具有也应体现出这种层次结构，以便于对指标体系的理解。同时，专利对于企业技术创新力发展的各支撑要素之间存在着错综复杂的联系，指标的含义也往往相互包容，这样就会使系统的某个方面重复计算，使评价结果失真。所以，专利支撑企业技术创新力发展的指标体系所选取的每个指标必须有明确的含义，且指标与指标之间不能相互涵盖和交叉，以保证特征描述和评价结果的可靠性。

3. 可计算性与可操作性原则

专利支撑企业技术创新力发展的评价是通过对评价指标体系中各指标反映出的信息，并采用一定运算方法计算出来的。这样所选取的指标必须可以计算或有明确的取值方法，这是评价指标选择的基本方法，特征描述指标无须遵循这一原则。同时，专利支撑企业技术创新力发展的指标体系的可操作性原则具有两层含义具体如下：①所选取的指标越多，意味着评价工作量越大，所消耗的资源（人力、物力、财力等）和时间也越多，技术要求也越高。可操作性原则要求在保证完备性原则的条件下，尽可能选择有代表性的综合性指标，去除代表性不强、敏感性差的指标；②度量指标的所有数据易于获取和表述，并且各指标之间具有可比性。

4. 相对稳定性与绝对动态性相结合的原则

专利支撑企业技术创新力发展的指标体系的构建过程包括评价指标体系的建立、实施和调整三个阶段。为保证这三个阶段上的延续性，又能比较不同阶段的具体情况，要求评价指标体系具有相对的稳定性或相对一致性。但同时，由于专利支撑企业技术创新力发展的动态性特征，应在评价指标体系实施一段时间后不断修正这一体系，以满足未来企业技术创新力发展的要求；另一方面，应根据专家意见并结合公众参与的反馈信息补充，以完善专利支撑企业技术创新力发展的指标体系。

5. 通用性原则

由于专利可按照其不同的属性特点和维度划分，其对于企业技术创新力发展的支撑作用聚焦至在对企业层面，因此，设计评价指标体系时，必须考虑在不该层面和维度的通用性。

A2.1.2 企业技术创新力评价指标体系结构

表 A2－1　　　　　　　　　　　　　　　　指　标　体　系

一级指标	二级指标	三级指标	指　标　含　义	计算方法	影响力
企业技术创新力指数	创新活跃度	专利申请数量	申请人目前已经申请的专利总量，越高代表科技成果产出的数量越多，基数越大，是影响专利申请活跃度、授权专利发明人数活跃度、国外同族专利占比、专利授权率和有效专利数量的基础性指标	—	5+
		专利申请活跃度	申请人近五年专利申请数量，越高代表科技成果产出的速度越高，创新越活跃	近五年专利申请量	5+
		授权专利发明人数活跃度	申请人近年授权专利的发明人数量与总授权专利的发明人数量的比值，越高代表近年的人力资源投入越多，创新越活跃	近五年授权专利发明人数量/总授权专利发明人数量	5+
		国外同族专利占比	申请人国外布局专利数量与总布局专利数量的比值，越高代表向其他地域布局越活跃	国外申请专利数量/总专利申请数量	4+
		专利授权率	申请人专利授权的比率，越高代表有效的科技成果产出的比率越高，创新越活跃	授权专利数/审结专利数	3+
		有效专利数量	申请人拥有的有效专利总量，越多代表有效的科技成果产出的数量越多，创新越活跃	从已公开的专利数量中统计已授权且当前有效的专利总量	3+
	创新集中度	核心技术集中度	申请人核心技术对应的专利申请量与专利申请总量的比值，越高代表申请人越专注于某一技术的创新	该领域位于榜首的IPC对应的专利数量/申请人自身专利申请总量	5+
		专利占有率	申请人在某领域的核心技术专利总数除以本领域所有申请人在某领域核心技术的专利总数，可以判断在此领域的影响力，越大则代表影响力越大，在此领域的创新越集中	位于榜首的IPC对应的专利数量/该IPC下所有申请人的专利数量	5+
		发明人集中度	申请人发明人人均专利数量，越高则代表越集中	发明人数量/专利申请总数	4+
		发明专利占比	发明专利的数量与专利申请总数量的比值，越高则代表产出的专利类型越集中，创新集中度相对越高	发明专利数量/专利申请总数	3+
	创新开放度	合作申请专利占比	合作申请专利数量与专利申请总数的比值，越高则代表合作申请越活跃，科技成果的产出源头越开放	申请人数大于或等于2的专利数量/专利申请总数	5+
		专利许可数	申请人所拥有的专利中，发生过许可和正在许可的专利数量，越高则代表科技成果的应用越开放	发生过许可和正在许可的专利数量	5+
		专利转让数	申请人所拥有的有效专利中，发生过转让和已经转让的专利数量，越高则代表科技成果的应用越开放	发生过转让和正在转让的专利数量	5+
		专利质押数	申请人所拥有的有效专利中，发生过质押和正在质押的专利数量，越高则代表科技成果的应用越开放	发生过质押和正在质押的专利数量	5+

一级指标	二级指标	三级指标	指 标 含 义	计算方法	影响力
企业技术创新力指数	创新价值度	高价值专利占比	申请人高价值专利数量与专利总数量的比值,越高则代表科技创新成果的质量越高,创新价值度越高	4 星及以上专利数量/专利总量	5+
		专利平均被引次数	申请人所拥有专利的被引证总次数与专利数量的比值,越高则代表对于后续技术的影响力越大,创新价值度越高	被引证总次数/专利总数	5+
		获奖专利数量	申请人所拥有的专利中获得过中国专利奖的数量	获奖专利总数	4+
		授权专利平均权利要求项数	申请人授权专利权利要求总项数与授权专利数量的比值,越高则代表单件专利的权利布局越完备,创新价值度越高	授权专利权利要求总项数/授权专利数量	4+

一级指数为总指数,即企业技术创新力指数。二级指数分别对应 4 个构成元素的指数,分别为创新活跃度指数、创新集中度指数、创新开放度指数、创新价值度指数;其下设置 4~6 个具体的核心指标,予以支撑。

A2.1.3 企业技术创新力评价指标计算方法

表 A2－2 　　　　　　　　　指标体系及权重列表

一级指标	二级指标	权重	三级指标	指标代码	指标权重
技术创新力指数	创新活跃度 A	0.3	专利申请数量	A1	0.4
			专利申请活跃度	A2	0.2
			授权专利发明人数活跃度	A3	0.1
			国外同族专利占比	A4	0.1
			专利授权率	A5	0.1
			有效专利数量	A6	0.1
	创新集中度 B	0.15	核心技术集中度	B1	0.3
			专利占有率	B2	0.3
			发明人集中度	B3	0.2
			发明专利占比	B4	0.2
	创新开放度 C	0.15	合作申请专利占比	C1	0.1
			专利许可数	C2	0.3
			专利转让数	C3	0.3
			专利质押数	C4	0.3
	创新价值度 D	0.4	高价值专利占比	D1	0.3
			专利平均被引次数	D2	0.3
			获奖专利数量	D3	0.2
			授权专利平均权利要求项数	D4	0.2

如上文所述，企业技术创新力评价体系（即"F"）由创新活跃度［即"$F(A)$"］、创新集中度［即"$F(B)$"］、创新开放度［即"$F(C)$"］、创新价值度［即"$F(D)$"］4个二级指标，专利申请数量、专利申请活跃度、授权发明人数活跃度、国外同族专利占比、专利授权率、有效专利数量、核心技术集中度、专利占有率、发明人集中度、发明专利占比、合作申请专利占比、专利许可数、专利转让数、专利质押数、高价值专利占比、专利平均被引次数、获奖专利数量、授权专利平均权利要求项数等18个三级指标构成，经专家根据各指标影响力大小和各指标实际值多次讨论和实证得出各二级指标和三级指标权重与计算方法，具体计算规则如下文所述：

$$F = 0.3 \times F(A) + 0.15 \times F(B) + 0.15 \times F(C) + 0.4 \times F(D)$$

其中　$F(A)$ ＝ ［0.4×专利申请数量＋0.2×专利申请活跃度＋0.1×授权专利发明人数活跃度＋0.1×国外同族专利占比＋0.1×专利授权率＋0.1×有效专利数量］

$F(B)$ ＝ ［0.3×核心技术集中度＋0.3×专利占有率＋0.2×发明人集中度＋0.2×发明专利占比］

$F(C)$ ＝ ［0.1×合作申请专利占比＋0.3×专利许可数＋0.3×专利转让数＋0.3×专利质押数］

$F(D)$ ＝ ［0.3×高价值专利占比＋0.3×专利平均被引次数＋0.2×获奖专利数量＋0.2×专授权专利平均权利要求项数］

各指标的最终得分根据各申请人在本技术领域专利的具体指标值进行打分。

A2.2　电力传感器技术领域专利分析研究方法

A2.2.1　确定研究对象

为了全面、客观、准确地确定本报告的研究对象，首先通过查阅科技文献、技术调研等多种途径充分了解电力信息通信领域关于传感器的技术发展现状及发展方向，同时通过与行业内专家的沟通和交流，确定了本报告的研究对象及具体的研究范围为：电力信通领域传感器技术。

A2.2.2　数据检索

A2.2.2.1　制定检索策略

为了确保专利数据的完整、准确，尽量避免或者减少系统误差和人为误差，本报告采用以下检索策略：

（1）以商业专利数据库为专利检索数据库，同时以各局官网为辅助数据库。

（2）采用分类号和关键词制定传感器技术的检索策略，并进一步采用申请人和发明人对检索式进行查全率和查准率的验证。

A2.2.2.2 技术分解表

表 A2-3　　　　　　　　　　传 感 器 技 术 分 解 表

一　级	二　级	一　级	二　级
电力传感器通信技术	环境传感器	电力传感器通信技术	光学传感器
	电磁量传感器		光纤传感器
	局放检测		其他传感器
	机械及运动量传感器		

A2.2.3 数据清洗

通过检索式获取基础专利数据以后，需要通过阅读专利的标题、摘要等方法，将重复的以及与本报告无关的数据（噪声数据）去除，得到较为适宜的专利数据集合，以此作为本报告的数据基础。

A3 企业技术创新力排名第 1~50 名

表 A3-1　　　　　　电力信通传感技术领域企业技术创新力第 1~50 名

申请人名称	综合创新指数	排名
广东电网有限责任公司电力科学研究院	78.4	1
中国电力科学研究院有限公司	77.2	2
国网北京市电力公司	76.9	3
云南电网有限责任公司电力科学研究院	76.9	4
国网江苏省电力有限公司	75.5	5
浙江大学	74.7	6
国网湖南省电力公司	74.1	7
国网电力科学研究院有限公司	73.8	8
国网湖北省电力有限公司电力科学研究院	72.7	9
国电南瑞科技股份有限公司	72.0	10
重庆大学	71.9	11
广州供电局有限公司	71.9	12
国网山西省电力公司电力科学研究院	71.7	13
许继集团有限公司	71.6	14
上海交通大学	71.4	15
中国南方电网有限责任公司超高压输电公司检修试验中心	71.3	16
国网电力科学研究院武汉南瑞有限责任公司	70.7	17

申请人名称	综合创新指数	排名
国网山东省电力公司淄博供电公司	69.8	18
国网宁夏电力有限公司电力科学研究院	69.5	19
国网山东省电力公司阳谷县供电公司	69.3	20
ABB 技术公司	69.1	21
国网福建省电力有限公司	68.3	22
中国南方电网有限责任公司超高压输电公司广州局	67.9	23
河南省电力公司南阳供电公司	67.7	24
国网上海市电力公司	67.7	25
国网江西省电力科学研究院	67.4	26
国网浙江省电力有限公司电力科学研究院	67.2	27
国网陕西省电力公司电力科学研究院	66.9	28
西安交通大学	66.9	29
国网甘肃省电力公司	66.5	30
国网江苏省电力有限公司电力科学研究院	66.5	31
广西电网有限责任公司电力科学研究院	66.4	32
国网天津市电力公司	66.2	33
国网浙江省电力有限公司	65.7	34
国网新疆电力有限公司电力科学研究院	65.7	35
国网安徽省电力有限公司电力科学研究院	65.6	36
国网河南省电力有限公司电力科学研究院	65.3	37
国网山东省电力公司济南供电公司	65.0	38
山西省电力公司大同供电分公司	64.9	39
广东电网有限责任公司东莞供电局	64.5	40
东南大学	64.3	41
国网山东省电力公司电力科学研究院	64.1	42
云南电网公司昆明供电局	63.5	43
国网冀北电力有限公司电力科学研究院	63.4	44
国网浙江省电力公司嘉兴供电公司	63.3	45
全球能源互联网研究院	63.3	46
云南电力试验研究院（集团）有限公司电力研究院	63.2	47
广东电网有限责任公司佛山供电局	63.1	48
国网辽宁省电力有限公司电力科学研究院	63.1	49
国网浙江省电力公司湖州供电公司	62.5	50

A4　相关事项说明

A4.1　近期数据不完整说明

2019 年以后的专利申请数据存在不完整的情况，本报告统计的专利申请总量较实际的专利申请总量少。这是由于部分专利申请在检索截止日之前尚未公开。例如，PCT 专利申请可能自申请日起 30 个月甚至更长时间之后才进入国家阶段，从而导致与之相对应的国家公布时间更晚。发明专利申请通常自申请日（有优先权的，自优先权日）起 18 个月（要求提前公布的申请除外）才能被公布。以及实用新型专利申请在授权后才能获得公布，其公布日的滞后程度取决于审查周期的长短等。

A4.2　申请人合并

表 A4-1　　　　　　　　　　　　　申　请　人　合　并

合　并　后	合　并　前
国家电网有限公司	国家电网公司
	国家电网有限公司
国网江苏省电力有限公司	江苏省电力公司
	国网江苏省电力公司
	国网江苏省电力有限公司
国网上海市电力公司	上海市电力公司
	国网上海市电力公司
云南电网有限责任公司电力科学研究院	云南电网电力科学研究院
	云南电网有限责任公司电力科学研究院
中国电力科学研究院有限公司	中国电力科学研究院
	中国电力科学研究院有限公司
华北电力大学	华北电力大学
	华北电力大学（保定）
	华北电力大学（北京）
ABB 技术公司	ABB 瑞士股份有限公司
	ABB 研究有限公司
	TOKYO ELECTRIC POWER CO
	ABB RESEARCH LTD
	ABB 服务有限公司
	ABB SCHWEIZ AG

续表

合 并 后	合 并 前
NEC 公司	NEC CORP
	NEC CORPORATION
罗伯特·博世有限公司	BOSCH GMBH ROBERT
	ROBERT BOSCH GMBH
	罗伯特·博世有限公司
东京芝浦电气公司	东京芝浦电气公司
	OKYO SHIBAURA ELECTRIC CO
	TOKYO ELECTRIC POWER CO
富士通公司	FUJI ELECTRIC CO LTD
	FUJITSU GENERAL LTD
	FUJITSU LIMITED
	FUJITSU LTD
	FUJITSU TEN LTD
	富士通株式会社
佳能公司	CANON KABUSHIKI KAISHA
	CANON KK
日本电气公司	NIPPON DENSO CO
	NIPPON ELECTRIC CO
	NIPPON ELECTRIC ENG
	NIPPON SIGNAL CO LTD
	NIPPON SOKEN
	NIPPON STEEL CORP
	NIPPON TELEGRAPH & TELEPHONE
	日本電気株式会社
	日本電信電話株式会社
日本电装株式会社	DENSO CORP
	DENSO CORPORATION
	NIPPON DENSO CO
东芝公司	KABUSHIKI KAISHA TOSHIBA
	TOSHIBA CORP
	TOSHIBA KK
	株式会社東芝

合 并 后	合 并 前
日立公司	HITACHI CABLE
	HITACHI ELECTRONICS
	HITACHI INT ELECTRIC INC
	HITACHI LTD
	HITACHI，LTD.
	HITACHI MEDICAL CORP
	株式会社日立製作所
三菱电机株式会社	MITSUBISHI DENKI KABUSHIKI KAISHA
	MITSUBISHI ELECTRIC CORP
	MITSUBISHI HEAVY IND LTD
	MITSUBISHI MOTORS CORP
	三菱電機株式会社
松下电器	MATSUSHITA ELECTRIC WORKS LT
	MATSUSHITA ELECTRIC WORKS LTD
西门子公司	SIEMENS AG
	Siemens Aktiengesellschaft
	SIEMENS AKTIENGESELLSCHAFT
	西门子公司
住友集团	住友电气工业株式会社
	SUMITOMO ELECTRIC INDUSTRIES
富士电气公司	FUJI ELECTRIC CO LTD
	FUJI XEROX CO LTD
	FUJITSU LTD
	FUJIKURA LTD
	FUJI PHOTO FILM CO LTD
	富士電機株式会社
英特尔公司	INTEL CORPORATION
	INTEL CORP
	INTEL IP CORP
	Intel IP Corporation
微软公司	MICROSOFT TECHNOLOGY LICENSING LLC
	MICROSOFT CORPORATION

续表

合 并 后	合 并 前
EDSA 微型公司	EDSA MICRO CORP
	EDSA MICRO CORPORATION
通用电气公司	GEN ELECTRIC
	GENERAL ELECTRIC COMPANY
	ゼネラル？エレクトリック？カンパニイ
	通用电气公司
	通用电器技术有限公司

A4.3 其他约定

有权专利：指已经获得授权，并截止到检索日期为止，并未放弃、保护期届满、或因未缴年费终止，依然保持专利权有效的专利。

无权专利：①授权终止专利，即指已经获得授权，并截止到检索日期为止，因放弃、保护期届满或因未缴年费终止等情况，而致使专利权终止的过期专利，这些过期专利成为公知技术；②申请终止专利，即指已经公开，并在审查过程中，主动撤回、视为撤回或被驳回生效的专利申请，这些申请后续不再具有授权的可能，并成为公知技术。

在审专利：指已经公开，进入或未进入实质审查，截止到检索日期为止，尚未获得授权，也未主动撤回、视为撤回或被驳回生效的专利申请，一般为发明专利申请，这些申请后续可能获得授权。

企业技术创新力排名主体：以专利的主申请人为计数单位，对于国家电网有限公司为主申请人的专利以该专利的第二申请人作为计数单位。

A4.4 边界说明

为了确保本报告后续涉及的分析维度的边界清晰、标准统一等，对本报告涉及的数据边界、不同属性的专利申请主体（专利申请人）的定义做出如下约定。

A4.4.1 数据边界

地域边界：七国两组织，包括中国、美国、日本、德国、法国、瑞士、英国、WO❶和 EP❷。

时间边界：近 20 年。

---

❶ WO：世界知识产权组织（World Intellectual Property Organization，WIPO）成立于 1970 年，是联合国组织系统下的专门机构之一，总部设在日内瓦。它是一个致力于帮助确保知识产权创造者和持有人的权利在全世界范围内受到保护，从而使发明人和作家的创造力得到承认和奖赏的国际间政府组织。

❷ EP：欧洲专利局（EPO）是根据欧洲专利公约，于 1977 年 10 月 7 日正式成立的一个政府间组织。其主要职能是负责欧洲地区的专利审批工作。

A4.4.2　不同属性的申请人

全球申请人：全球范围内的申请人，不限定在某一国家或地区所有申请人。

国外申请人：排除所属国为中国的申请人，限定在除中国外的其他国家或地区的申请人。需要解释说明的是，由于中国申请人在全球范围内（包括中国）所申请的专利总量相对于国外申请人在全球范围内所申请的专利总量较多，为了凸显出在专利申请数量方面表现突出的国外申请人，因此作如上界定。

供电企业：包括国家电网有限公司和中国南方电网有限责任公司，以及隶属于国家电网有限公司和中国南方电网有限责任公司的国有独资公司包括供电局、电力公司、电网公司等。

非供电企业：从事投资、建设、运营供电企业等业务或者生产、研发供电企业产品/设备等的私有公司。需要进一步解释说明的是，由于供电企业在全球范围内（包括中国）所申请的专利总量相对于非供电企业在全球范围内所申请的专利总量较多，为了凸显出在专利申请数量方面表现突出的非供电企业，因此作如上界定。

电力科研院：隶属于国家电网有限公司或中国南方电网有限责任公司的科研机构。

附录 B
传感器企业名录

序号	公司名称	公司类型	主营产品	公司所在地
1	中国科学院微电子所	研究、设计、制造	电气量传感、状态量传感、环境量传感	北京
2	中科院长春光机所	研究、设计	电气量传感、状态量传感	吉林长春
3	清华大学	研究	电气量传感	北京
4	华北电力大学	研究	状态量传感、环境量传感	北京
5	全球能源互联网研究院	研究、设计、应用	电气量传感、状态量传感、环境量传感	北京
6	国网智能科技公司	应用	环境量传感、行为量传感	山东济南
7	北京国网富达公司	应用	状态量传感、环境量传感	北京
8	歌尔股份有限公司	设计、制造、应用	状态量传感、环境量传感	山东潍坊
9	北京青鸟元芯微系统科技有限责任公司	制造、封装	状态量传感、环境量传感	北京
10	北京兴泰学成仪器有限公司	应用	状态量传感、环境量传感	北京
11	烟台睿创微纳技术股份有限公司	设计、制造	状态量传感、环境量传感	山东烟台
12	中科院上海微系统所	研究、设计、制造、封装、测试	状态量传感、环境量传感、行为量传感	在上海、南京、杭州、嘉兴、南通与地方合作共建了六个分支机构
13	中科院上海光机所	研究、设计	电气量传感、环境量传感	与地方共建上海先进激光技术创新中心、南京先进激光技术研究院
14	上海交通大学	研究	电气量传感、环境量传感	上海
15	江苏多维科技有限公司	设计、制造	电气量传感	江苏张家港
16	浙江维思无线网络技术有限公司	应用	状态量传感、环境量传感	浙江嘉兴

序号	公司名称	公司类型	主营产品	公司所在地
17	美新半导体（无锡）有限公司	应用	环境量传感、行为量传感	江苏无锡（公司总部：美国马萨诸塞州）
18	南瑞集团有限公司	应用	电气量传感、环境量传感	江苏南京
19	上海思源电气股份有限公司	应用	电气量传感、状态量传感	上海
20	南京英锐祺科技有限公司	应用	状态量传感	江苏南京
21	宁波理工监测科技股份有限公司	应用	状态量传感	浙江宁波
22	珠海华网科技有限责任公司	应用	状态量传感	广东珠海
23	珠海一多监测科技有限公司	应用	状态量传感、环境量传感	广东珠海
24	中盈优创资讯科技有限公司	应用	状态量传感	北京、上海、南京、广州
25	中科院西安光机所	研究、设计	电气量传感、状态量传感	陕西西安
26	重庆大学	研究	电气量传感、状态量传感	重庆
27	国网电力科学研究院武汉南瑞有限责任公司	应用	电气量传感、状态量传感	湖北武汉
28	陕西金源自动化科技有限公司	应用	状态量传感、环境量传感	陕西西安
29	河南中分仪器有限公司	应用	状态量传感	河南商丘
30	北京航天时代光电科技有限公司	制造企业	全光纤电流传感器、光学电压传感器	北京
31	浙江维思无线网络技术有限公司	制造企业	无线温度传感器、无线温湿度传感器、无线电流传感器、无线智能避雷器、数据传输基站等一系列无线传感装置	浙江嘉兴
32	南京导纳能科技有限公司	制造企业	监测装置、试验装置、传感器	江苏南京
33	珠海多创科技有限公司	制造企业	磁电传感器芯片、交直流电流/电量/漏电流/磁场/位移/倾角/振动类传感器模组、智能传感器、传感器网络产品	广东珠海
34	佳源科技有限公司	制造企业	电气状态、资产环境数据采集传输、综合能源数据采集传输等传感传输产品	江苏南京

续表

序号	公司名称	公司类型	主营产品	公司所在地
35	珠海一多监测科技有限公司	制造企业	设备状态监测传感器（温度、油压、气体泄漏、姿态、电参量等）、红外热成像仪、环境监测传感器、移动巡检系统、智能控制终端	广东珠海
36	上海欧秒电力监测设备有限公司	制造企业	局放监测系统	上海
37	固开（上海）电气有限公司	制造企业	无线无源温度传感器	上海
38	陕西公众智能科技有限公司	制造企业	高压电缆局部放电在线监测系统、高压开关柜局部放电在线监测系统、GIS局放电在线监测系统、接地环流局部放电在线监测系统	陕西西安
39	宁波泰丰源电气有限公司	制造企业	传感器、互感器、继电器、接插件、电子封印、连接器	浙江宁波
40	辽宁本慧机电设备制造有限公司	制造企业	智能型变压器	辽宁抚顺
41	河北锋森电气设备科技有限公司	制造企业	智能型高压开关，开关柜，互感器，避雷器，跌落式开关	河北保定
42	深圳市联祥瑞实业有限公司	制造企业	手持终端、智能标签、物联网采集器、物联网终端等	深圳
43	中国科学院上海微系统与信息技术研究所	研究机构	基础研究/制备技术研究/新型器件研究/系统技术研究	上海
44	南京溯极源电子科技有限公司	器件装置研发企业	电力光纤网的输电线路在线监测装置及系统	江苏南京
45	南通感忆达信息技术有限公司	器件装置研发企业	基于光纤的安防、能信共传装置及系统	江苏南通
46	江苏益邦电力科技有限公司	器件装置研发企业	采集终端检测装置、计量检测产品、配电线路故障指示仪等	江苏南京
47	常州帕斯菲克自动化技术股份有限公司	器件装置研发企业	温湿度控制器、电缆头温度在线监测、母线槽温度在线监测、双气体检测仪	江苏常州
48	中光华研电子科技有限公司	器件装置研发企业	设备研发、系统集成	上海
49	山东元星电子有限公司	器件装置研发企业	低压电流电压互感器、电量传感器	山东淄博
50	苏州昱业电气有限公司	器件装置研发企业	开关柜局放在线监测系统、局放巡检仪、微水密度在线监测系统、变电站综合在线监控平台	江苏苏州

序号	公司名称	公司类型	主营产品	公司所在地
51	长园深瑞监测技术有限公司	器件装置研发企业	输变电在线监测系统	江苏南京
52	武汉启亦电气有限公司	器件装置研发企业	电力设备检测及在线监测装置	湖北武汉
53	北京中电昊海科技有限公司	器件装置研发企业	低压线损态势智能感知终端（LTU）	北京
54	南方电网数字电网研究院有限公司	器件装置研发企业	微型智能电流传感器、微型智能电压传感器、多物理量集成传感器、传感中继装置	广东广州
55	山东电工电气集团有限公司	集成应用企业	智能输变配电设备及系统、变压器、开关、线缆等一次设备	山东济南
56	南京申宁达智能科技有限公司	集成应用企业	智能可穿戴设备、智能头盔、安全管控系统	江苏南京

附录 C
传感器检测机构名录

序号	单位名称	公司类型	主要检测产品	联系人	联系方式
1	中国电力科学研究院有限公司变电设备状态监测装置检测部	检测机构	主要检测产品：产品检测能力覆盖 GB、DL、国家电网有限公司企标等相关标准，检测范围包括变压器油中溶解气体、局部放电、红外成像、紫外成像、SF_6 泄漏成像、铁心接地电流、介损/泄漏电流、光纤测温、SF_6 气体压力/湿度、分合闸线圈电流、开关机械特性等电力设备在线监测和带电检测产品性能检测、型式试验。电力行业用电流、局放、位移、温度、气体、压力等传感器性能检测、型式试验	袁帅	010-82812802
2	中国电力科学研究院有限公司输电设备状态监测装置检测部	检测机构	主要检测产品：输电线路状态监测装置；输电线路气象监测装置；输电线路导线温度监测装置；输电线路等值覆冰厚度监测装置；输电线路图像监控装置；输电线路视频监控装置；输电线路微风振动监测装置；输电线路导线弧垂监测装置；输电线路风偏监测装置；输电线路杆塔倾斜监测装置；输电线路导线舞动监测装置；输电线路现场污秽度监测装置；输电线路状态监测代理（CMA）；输电线路分布式故障监测装置	费香泽	010-58386125
3	中国电力科学研究院有限公司互感器质检站	检测机构	主要检测产品：产品检测能力覆盖 GB、IEC 等相关标准，检测范围包括 1000kV 及以下各电压等级各种类型的电流互感器、电磁式电压互感器、电容式电压互感器、电子式电压互感器、电子式电流互感器、组合互感器、直流电压互感器、直流电流互感器、一二次融合设备的性能试验、例行试验、型式试验、特殊试验和型式评价	黄华	027-59258107
4	中国电力科学研究院有限公司电磁兼容实验室	检测机构	主要检测能力：各类智能监测装置，包括局放、接地电流、铁芯电流、油中气体、容性设备、温度气象、视频防外破、分布式故障定位和各类电力机器人等；各类电力电子产品，主要包括 SVC、SVG、APF、三相不平衡自动调节装置、柔性直流换流阀、轨道交通电源净化装置、变频器和高频变压器等；各类电子电气产品的电磁兼容、环境、机械性能等检测	郭浩洲	027-59258165

序号	单位名称	公司类型	主要检测产品	联系人	联系方式
5	广东柯理智能传感器检测中心有限公司	检测机构	主要检测能力：包括温度传感器、温湿度传感器、压力传感器、红外热成像仪以及在线监测装置的电磁兼容、环境试验、基本功能检测	舒毅	0756－8580824
6	四川赛康智能科技股份有限公司	检测机构	主要检测能力：电力设备无损检测，包括：用于 GIS X 射线检测、输电线路金具检测、变压器 GIS 声纹振动检测、配网 10kV 电缆振荡波检测、配网线路红外、超声巡检	郭玉华	028－85158894